FPGA 可程式化邏輯設計實習：
使用 Verilog HDL 與 Xilinx Vivado

宋啓嘉　編著

全華圖書股份有限公司

序言

現今可程式化邏輯 FPGA 相關的實習課程，在國內已然成為各大專院校資訊電機等相關科系學生必修的專業課程，另一方面在產業界，FPGA 亦已被廣泛的被用來作為快速成品設計及邏輯產品驗證平台。本書首重為讀者介紹如何在 FPGA 開發平台上使用 Verilog HDL 硬體描述語言與 Xilinx Vivado 完成相關數位電路設計與學生專題實作，使讀者了解可程式化邏輯之設計方向並掌握其基礎設計能力。本書所使用之可程式化邏輯電路開發平台一元素 EGO1 A7 為目前產學界最普遍被使用的 Xilinx FPGA 教學開發板，且相關設計範例與資源亦為豐沛，開發版入門價格範圍合適於推廣一人一片口袋模式(Packet Board)教學。EGO1 A7 是採用 Xilinx Artix 7 系列可程式化邏輯晶片，開發板周邊亦採用多種類型感測週邊與 I/O 介件供學生與老師進行專題設計。

一開始本書第一章概論簡介一元素 EGO1 A7 開發板的功能與使用方法入門，第二章介紹如何在 Xilinx Vivado 上完成算術邏輯電路設計，第三章的內容為 Verilog 硬體描述語言語法與範例，第四章則介紹如何在 Artix 7 晶片上實現除頻器電路，第五章為如何使用 Verilog 控制開發版上的基本元件，第六章的內容為 XADC 數位類比訊號轉換器，第七章的內容為 UART 通訊界面的使用方法，第八章的內容為 8 乘 8 LED 矩陣的顯示內容控制，第九章的內容為 VGA 的畫面輸出控制，最後第十章及附錄為專題設計，包含鬧鐘、音樂盒、測距雷達控制、亂數產生器、VGA 圖型產生器、4 乘 4 數字鍵盤控制、伺服馬達控制及 Micre Blate SOPC 的範例。

本書的完成要感謝一元素科技研發部與國立虎尾科技大學電機工程學系所教學助理於編撰本書相關實習單元的協助，以及家人的支持才能順利完成，最後要感謝全華圖書公司技職編輯處楊素華副理及其團隊的協助方能順利出版。由於本書係利用工作和研究之閒暇時間，並參考相關書籍及參考文獻撰寫和編輯而成，雖悉心校訂，錯誤之處在所難免，希望先進專家惠賜指正，不勝感激。

宋 啓 嘉 謹識

2019.09 雲林 虎尾

編輯部序

　　「系統編輯」是我們的編輯方針，我們所提供給您的，絕不只是一本書，而是關於這門學問的所有知識，它們由淺入深，循序漸進。

　　全書共分十個章節：第一章概論簡介 EGO1 開發板的功能與使用方法入門，第二章介紹如何完成算術邏輯電路設計，第三章的內容爲 Verilog HDL 硬體描述語言介紹，第四章介紹如何實現除頻器電路，第五章說明如何使用 EGO1 開發版上的基本元件，第六章解說 ADC/DAC 數位類比訊號轉換器，第七章的內容爲 UART 串列埠，第八章的內容爲 8 乘 8 LED 矩陣的顯示內容控制，第九章的內容爲 VGA 的畫面輸出控制，最後第十章爲專題設計。另外，本書亦於附錄中提供其他在 EGO1 開發板實現之電路控制範例，包含測距雷達、4 乘 4 數字鍵盤、伺服馬達、亂數產生器、VGA pattem 產生器。本書適用於科大電子、資工、電機系選修「FPGA 系統設計實務」課程之學生以及對可程式化邏輯 FPGA 有興趣之讀者。

　　同時，爲了使您能有系統且循序漸進研習相關方面的叢書，我們以流程圖方式，列出各有關圖旳閱讀順序，以減少您研習此門學問的摸索時間，並能對這門學問有完整的知識。若您在這方面有任何問題，歡迎來函連繫，我們將竭誠爲您服務。

相關叢書介紹

書號：06396
書名：數位邏輯原理
編著：林銘波

書號：06047
書名：系統晶片設計－使用 Nios II
（附範例光碟）
編著：廖裕評.陸瑞強

書號：05419
書名：Raspberry Pi 最佳入門與
應用(Python)(附範例光碟)
編著：王玉樹

書號：05448
書名：數位邏輯電路實習
編著：周靜娟.鄭光欽.黃孝祖.吳明瑞

書號：06149
書名：數位邏輯設計－使用 VHDL
（附範例程式光碟）
編著：劉紹漢

書號：10542
書名：零基礎學 FPGA 設計－
理解硬體程式編輯概念
大陸：杜 勇.葉濰銘

書號：06001
書名：數位模組化創意實驗
（附數位實驗模組 PCB）
編著：盧明智.許陳鑑.王地河

書號：06226
書名：數位邏輯設計與晶片實務
(VHDL)(附範例程式光碟)
編著：劉紹漢

流程圖

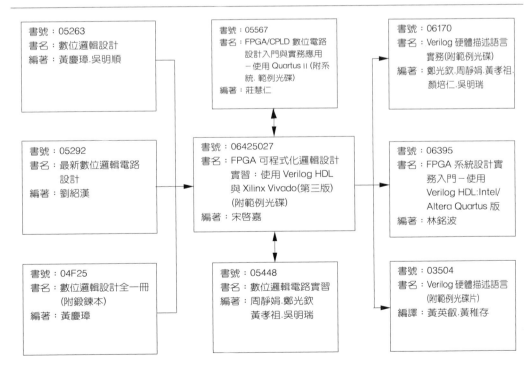

目錄

Chapter3　Verilog 硬體描述語言　　　　　　　　　　　　　　　3-1

Chapter9　VGA 輸出控制　9-1

Chapter10　專題設計　10-1

附錄 1　附 1-1

附錄 2 附 2-1

參考著作 參-1

Chapter 1

概　論

1-1　EGO1 可程式化邏輯開發版

1.1.1　一元素 Xilinx EGO1

本書所使用之可程式化邏輯電路開發平台一元素 EGO1 為目前市面上最普遍被使用的 Xilinx 大學計畫 FPGA 教學開發板，相關設計範例最完整的 FPGA 教學平台。此平台係採用 Xilinx Artix-7 XC7A35T-1CSG324C IC 可程式化邏輯晶片，開發板周邊亦採用多種類型多媒體影音週邊 IC 和實習元件供學生與老師進行專題設計。

若是讀者為剛剛接觸 Verilog 或是從未接觸過 FPGA 電路設計，可經由本書快速學習如何使用 Verilog 硬體描述語言與 Xilinx Artix-7 在 EGO1 平台上完成相關電路設計與學生專題實作。在本書中讀者會學習到以 Verilog 硬體描述語言控制圖 1.1 中所示之開發版周邊元件，包括指撥器(16 toggle switches)，按鈕(5 debounced pushbutton switches)，LED(16 LEDs)，七段顯示器(8 7-segment displays)，VGA 輸出(VGA 4-bit DAC, Analog IC)與 ADC/DAC 數位類比轉換這些基本的元件。除此之外，讀者也可學習到經由 GPIO 外接元件來控制蜂鳴器，8 乘 8 LED 陣列，4 乘 4 數字鍵盤，測距雷達與伺服馬達。

圖 1.1　Xilinx Artix-7 EGO1 可程式化邏輯開發板(一元素提供)

一元素 EGO1 原廠規格

- FPGA

  Xilinx Artix-7 XC7A35T FPGA

- I/O Devices

  Video Output (4 Bit VGA) / Audro IO

  USB JTAG / USB UART

  Expansion headers (32 GPIO pins)

- Memory

  2-Mbits SRAM, 32-Mbits Flash

- Switches, LEDs, Displays, and Clocks

  16 toggle switches

  5 debounced pushbutton switches

  16 LEDs

  8 7-segment displays

  2 XADC 12bits 100-MHz oscillators

1-2　**Xilinx Vivado** 介紹

1.2.1　Vivado FPGA 開發工具

　　Xilinx Vivado 設計軟體提供完整的開發平臺設計環境給各種 FPGA 開發使用，能夠直接滿足特定電路設計需要，並且支持可程式化系統晶片(System-on-Programmable Chip, SOPC)設計環境，可配置 32 位元軟體式核心處理器 MicroBlaze CPU。Vivado 設計軟體支持 FPGA 與 CPLD 電路設計所有階段的設計方案，如圖 1.2 所示之設計流程。其設計輸入可支援多種類型的設計檔案，例如：方塊圖與電路圖檔(Block Diagram/Schematic File)，文字編輯檔如 AHDL、Verilog HDL、VHDL 或 System Verilog，EDA 合成工具生成的 EDIF 檔，狀態機圖示編輯檔(State Machine File)等等。並完整提供對於 Xilinx FPGA 平台的電路合成、線路佈局與時序分析，亦可支援手動布局。除此之外，除了 Vivado 本身所內建的訊號波型模擬器之外，Vivado 也可以協同其他類型訊號波型模擬器做模擬，例如 Mentor Modelsim。在數位電路設計專案中，工程師設計一個電路首先要確定線路，然後進行軟體模擬及優化，並確認所設計電路的功能及規格。然而隨著電路規模的不斷擴大，運作頻率的不斷提高，使得目前在數位電路晶片系統開發在模擬難度越來越高，而這些影響用軟體模擬的方法較難反映出來，所以工程師常常需要使用 FPGA 做前期開發驗證，將軟體模擬後的線路經一定處理合成後燒入到 FPGA，工程師就很直觀地測試其邏輯功能及性能是否有達到規格設計。接下來我們會於下一子章節，以一個簡單的例子為讀者詳細說明設計流程的各個階段。

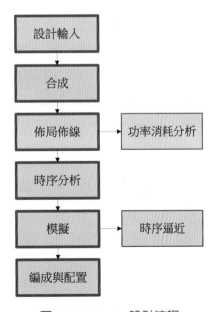

圖 1.2　Vivado 設計流程

1.2.2　Vivado 軟體下載

1.　連線至 Vivado 網站(https：//www.xilinx.com/support/download.html)，點 Archive
　　進入並選取 2017.2，如圖 1.3 所示。

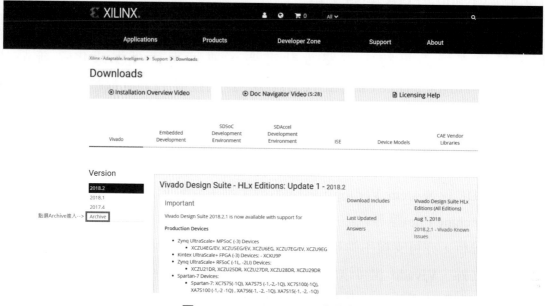

圖 1.3　Xilinx Vivado 下載介面

2.　點選上方圖示，並選取 'Create an account' 創立帳號，如圖 1.4 所示。

圖 1.4　Xilinx Vivado 下載介面

3. 此時需填入基本資料，如圖 1.5 所示，填好後按'Create Account'。

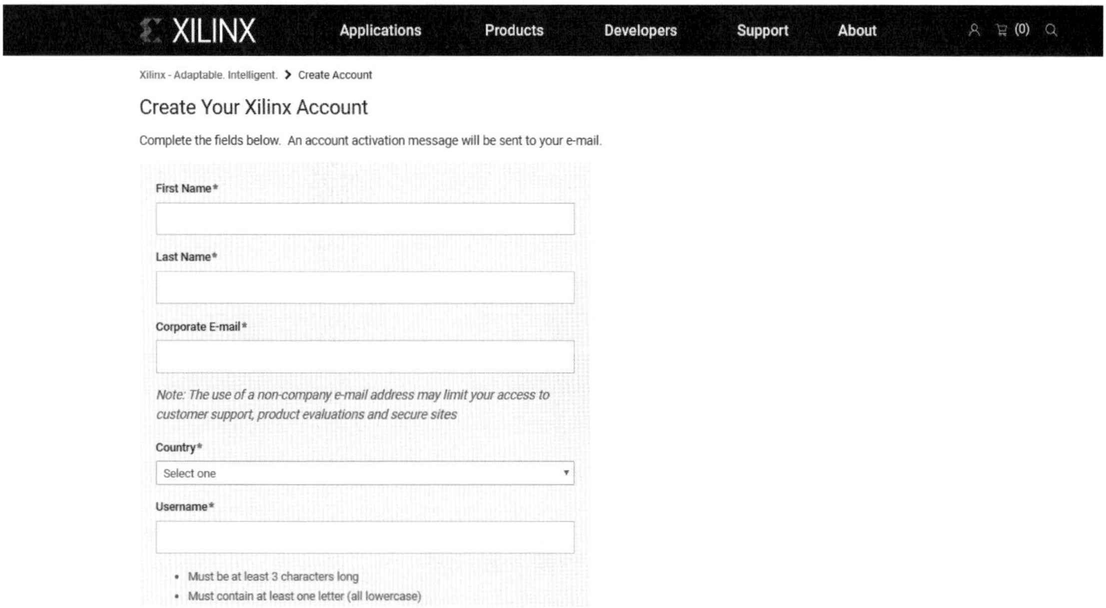

圖 1.5 基本資料填入介面

4. 創立完帳號後，進去 Vivado 2017.2 並搜尋 Vivado Design Suite - HLx Editions 並找到 WebPack，Windonws 版本，如圖 1.6 所示。

圖 1.6 帳號創立成功

5. 使用剛剛創建的帳號登入並進行下載，如圖 1.7 所示。

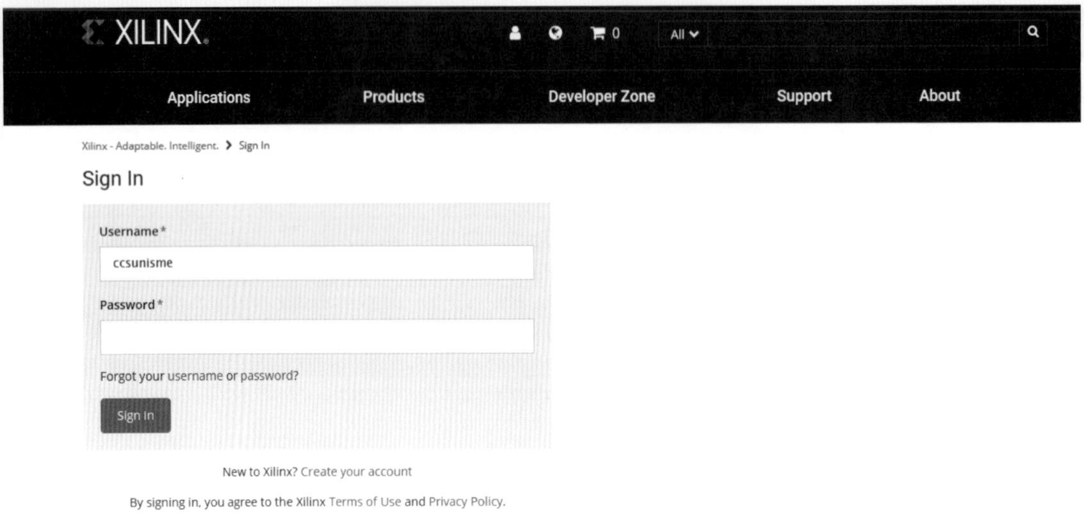

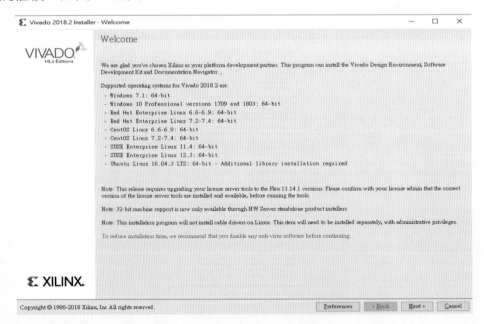

圖 1.7 軟體下載介面

1.2.3 安裝 Xilinx Vivado

1. 執行下載好之安裝檔 Xilinx_Vivado_SDK_2017.2_0616_1_Win64.exe，按 ' Next' 鍵繼續，如圖 1.8 所示。

圖 1.8 執行 Xilinx_Vivado_SDK_2017.2_0616_1_Win64.exe

2. 輸入剛創建的帳號密碼，並按下 Next，如圖 1.9 所示。

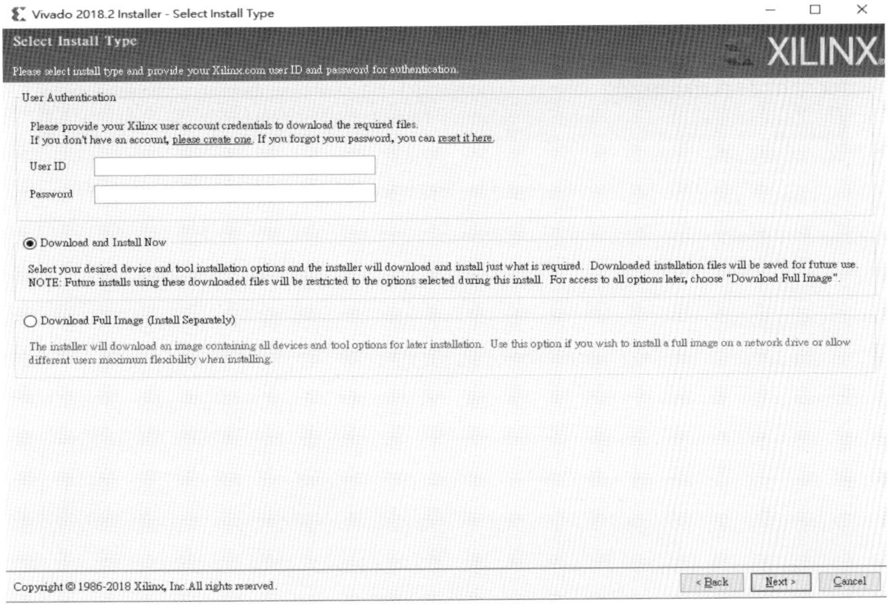

圖 1.9 輸入剛創建的帳號密碼

3. 點選三項 "I Agree"並按下 Next，如圖 1.10，點選完成後按'Next' 鍵繼續。

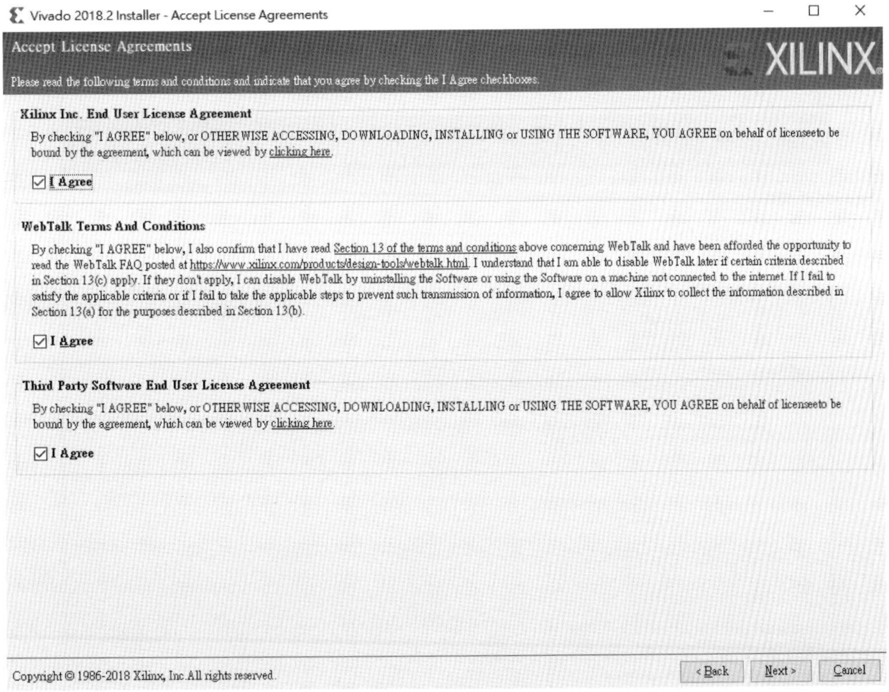

圖 1.10 點選 I Agree

4. 點選第一個選項，選擇 Vivado HL WebPACK 版本，如圖 1.11 所示，按 'Next' 鍵繼續。

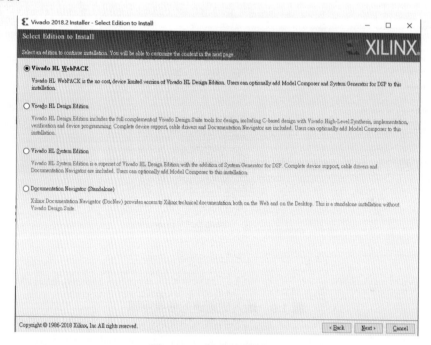

圖 1.11　指定安裝路徑

5. 'Next' 鍵繼續，如圖 1.12 所示。

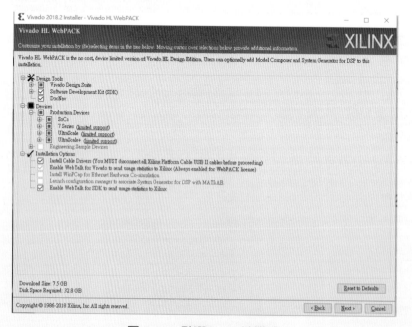

圖 1.12　點選 Next 鍵繼續

6.　選擇安裝路徑，可選擇其預設之安裝路徑，後點選' Next' 鍵開始安裝，如圖 1.13
　　所示。

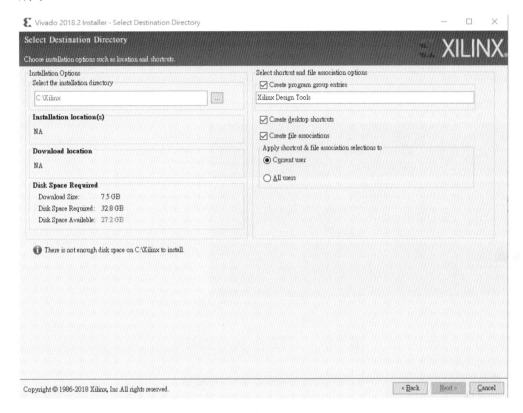

圖 1.13 選擇安裝路徑

1-3　開始使用 Vivado Xilinx

1.3.1　建立 Vivado 專案 1

由 Xilinx 官網所載下好的 Xilinx_Vivado_SDK_2017.2_0616_1 版本之後，在本
章節我們將會以一個簡單的跑馬燈為範例，快速帶領讀者以 Vivado 完成第一個專
案設計，並於 EGO1 上實現該專案設計。

1.　開啓電腦中的 Vivado 2017.2。

2.　左上角點選' Create Project ' 如圖 1.14 所示

3.　進入「New Project」對話框。第一個 Project name 中填入計畫名稱(注意：此計畫名稱中不可包含中文，否則可能會使系統出錯)。在第二個 Project location 中填入計畫位置(注意：可使用原本預設的位置即可)。在此的設定如圖 1.15 所示，接著按 'Next' 鍵。

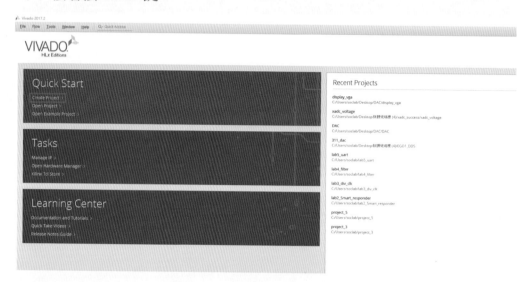

圖 1.14　「開啓 Project」對話框

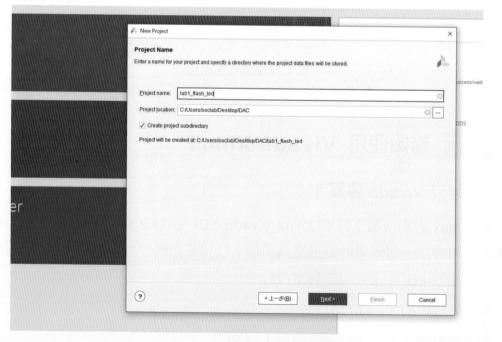

圖 1.15　計畫名稱、位置對話框

4. 進入「New Project Project Type」對話框，在此先按'Next'鍵進入下一步設定。

5. 進入「New Project Default Part」對話框，依據 EGO1 開發版上 FPGA 的規格，在'Family：'選擇"Artix-7"，在'Package：'選單下選"csg324"，在'Part：'選單下選"xc7a35csg324-1"如圖 1.16 所示。設定好就按'Next'鍵。

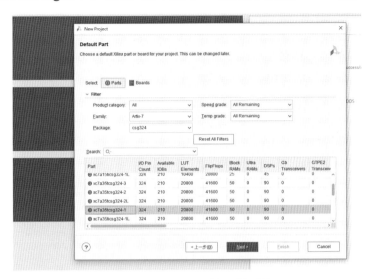

圖 1.16　「選擇元件」對話框

6. 進入「New Project Summary」對話框，已完成計畫建立，點選'Finish'鍵完成，如圖 1.17 所示。

圖 1.17　建立專案結果

1.3.2　建立 Vivado 專案 2

Vivado 支援多種設計檔案的形態：方塊圖與電路圖檔(Block Diagram/Schematic File)，文字編輯檔如 Verilog ，EDA 合成工具生成的 EDIF 檔，與狀態機圖是編輯檔(State Machine File)等等。在本書中，我們會介紹在 Vivado 中如何以方塊圖與電路圖檔與 Verilog 硬體描述語言來實現電路設計，其步驟如下：

1.　選取視窗選單 PROHECT MANAGER→ Add Service，開啓「New」對話框，如圖 1.18 所示。

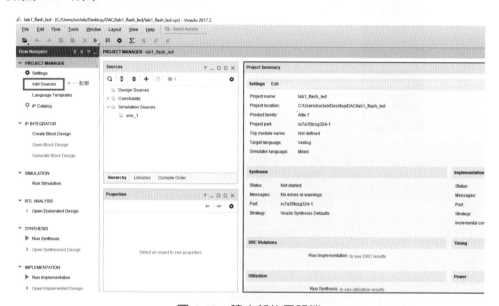

圖 1.18　建立新的電路檔

2.　點選 Add Files，如圖 1.19 所示，並將光碟 Lab1 目錄中之 Top_Led.v 及 Divider_Clock.v 兩個檔複製到專案所在的資料夾，如圖 1.20 所示。此示範專案會先將 EGO1 開發板上的 100MHz 輸入時脈訊號除頻至 10Hz，然後再用 10Hz 頻率來驅動計數器給 LED。

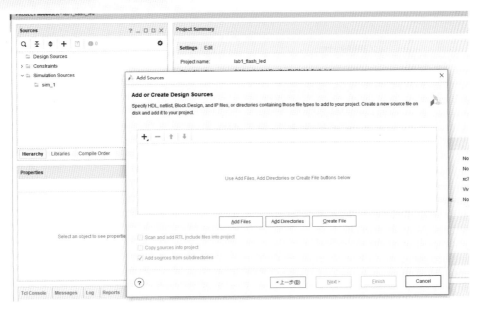

圖 1.19　電路檔之編輯

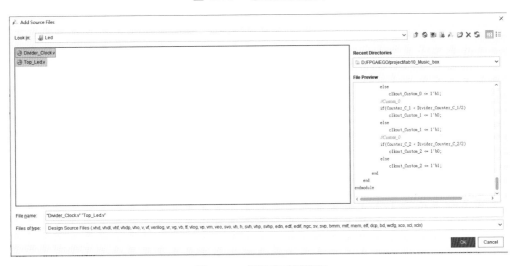

圖 1.20　選取兩個檔案

1.3.3　I/O 腳位的指定

在完成上述之步驟後，我們必須依據 EGO1 開發版使用手冊所列的 FPGA I/O 與周邊裝置元件的相對腳位，來做正確的設定。

1. 選取視窗選單 PROHECT MANAGER→Add Source→Add or create constraints，如圖 1.21 所示。

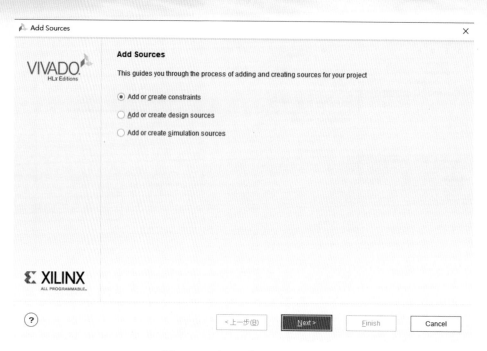

圖 1.21　加入或創建 xdc 檔

2.　加入光碟中的 EGO1.xdc 檔後，按 Finish，如圖 1.22。

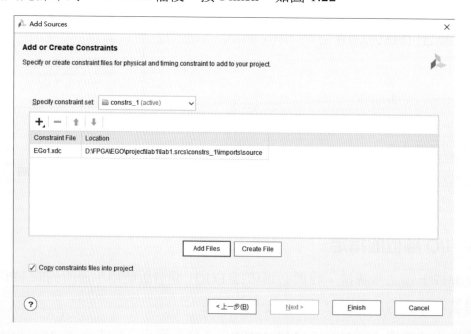

圖 1.22　加入 EGO1.xdc

3. 完成後再 Source 視窗底下的 Constraints 可以看見 EGO1.xdc 檔已加入專案裡面。如圖 1.23 所示。

圖 1.23　檢視腳位名稱是否正確

1.3.4　產生 bitstream 之分析與合成

1. 選取視窗選單 PROHECT MANAGER → PROGRAM AND DEBUG → Generate Bitstream，合成與實現專案並產生出 bit 檔，如圖 1.24 所示

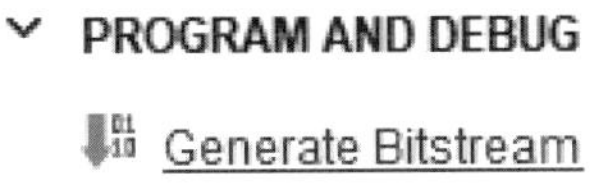

> **∨ PROGRAM AND DEBUG**
>
> 　　↓ Generate Bitstream

圖 1.24　產生 bitstream 配置檔案

2. 在視窗 Project Summary 底下的 Utilization 會出現圖表，可以觀察到 FPGA 的資源利用率。以及在通視窗底下的 Power 會出現此專案的消耗功率，如圖 1.25、圖 1.26 所示。

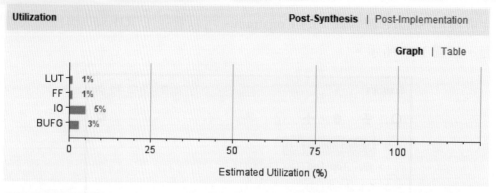

Resource	Estimation	Available	Utilization %
LUT	54	20800	0.26
FF	36	41600	0.09
IO	10	210	4.76
BUFG	1	32	3.13

圖 1.25　合成結果

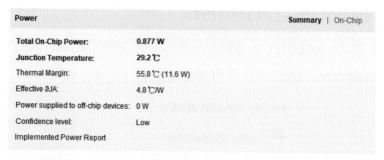

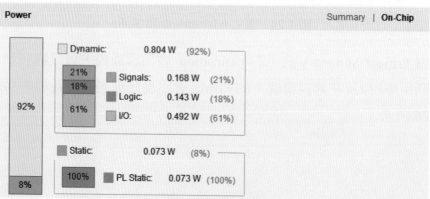

圖 1.26　功率消耗

1.3.5 FPGA 的燒錄

前一小節完成組譯後，就可以利用 Vivado 對 EGO1 FPGA 進行燒錄。

1. 選取視窗選單 PROHECT MANAGER → PROGRAM AND DEBUG → Open Hardware Manager → Open Target → Auto Connect。如圖 1.27 所示。

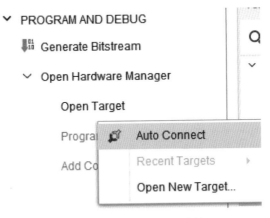

圖 1.27 FPGA 裝置連接

2. 對著 Vivado 所找到的晶片名稱右鍵，點選 Program Device 後，將 bit 檔燒入至 EGO1 開發版中，如圖 1.28～1.30 所示。

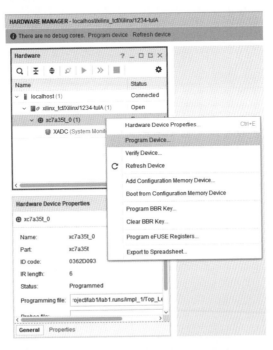

圖 1.28 FPGA 裝置選擇與燒錄

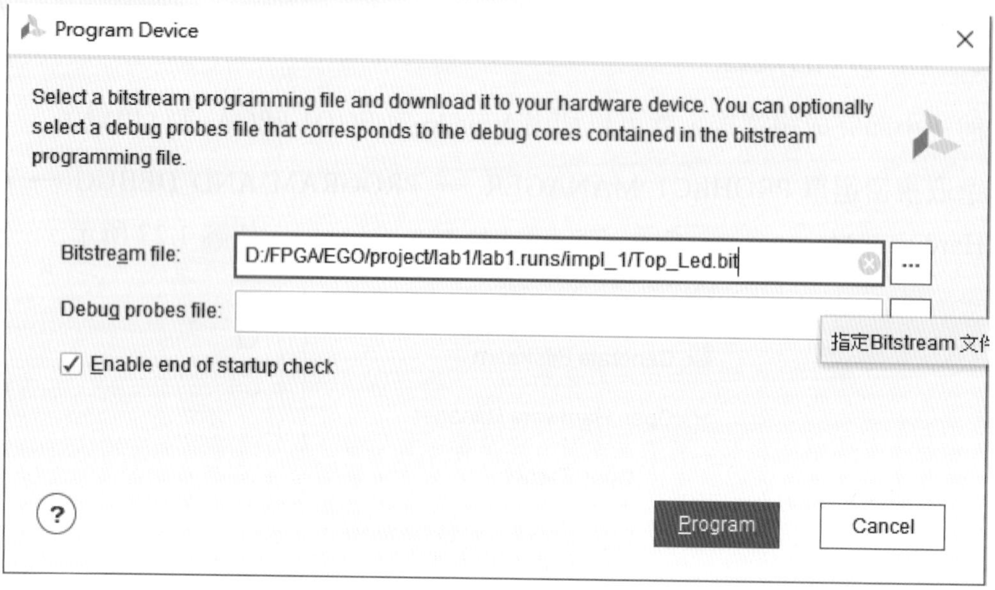

Program Device   ✕

Select a bitstream programming file and download it to your hardware device. You can optionally select a debug probes file that corresponds to the debug cores contained in the bitstream programming file.

Bitstream file: D:/FPGA/EGO/project/lab1/lab1.runs/impl_1/Top_Led.bit   ⊗   ···

Debug probes file:

指定Bitstream 文件

☑ Enable end of startup check

?   Program   Cancel

圖 1.29   bitstream 配置燒錄

圖 1.30

當燒錄完成，EGO 開發板上的綠色 LED 燈會依序點亮。

若讀者需要將 FPGA 電路永久燒錄在開發板的 Flash 內，請依照下述步驟操作：

1. 右鍵點擊 Generate Bitstream 點選 bitstream setting ，將 bin_file 勾上，點擊 OK

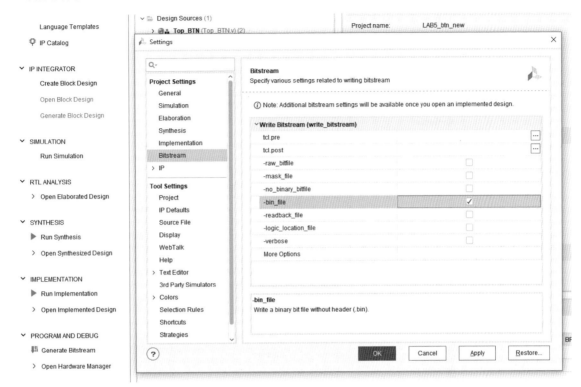

圖 1.31　設定 Generate Bitstream

2. 點擊 generate bitstream ，生成 bit 文件和 bin 文件

3.　選擇 FPGA 晶片「n25q64-3.3v-spi-x1_x2_x4」，右鍵如下操作。

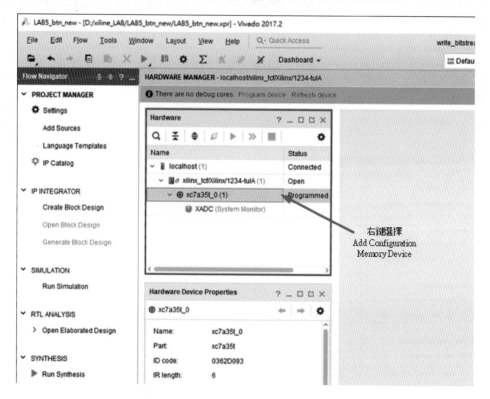

圖 1.32　選擇 FPGA 晶片

4. 選擇開發板上的 Flash 晶片「n25q64-3.3v-spi-x1_x2_x4」，點擊 OK。

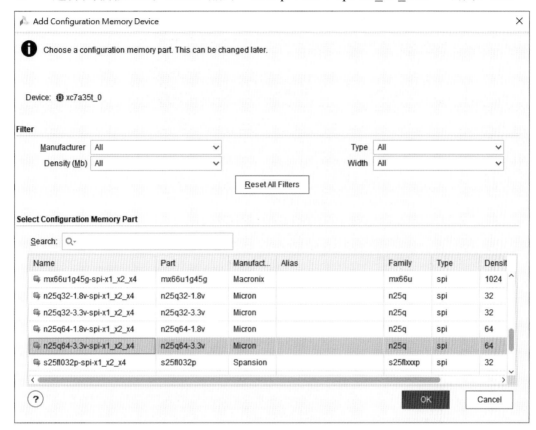

圖 1.33　選擇 Flash 晶片「n25q64-3.3v-spi-x1_x2_x4」

5. 點擊 OK。

6.   添加 bin 文件到此選項。路徑:runs→impl_1→選擇.bin(圖 1.35)

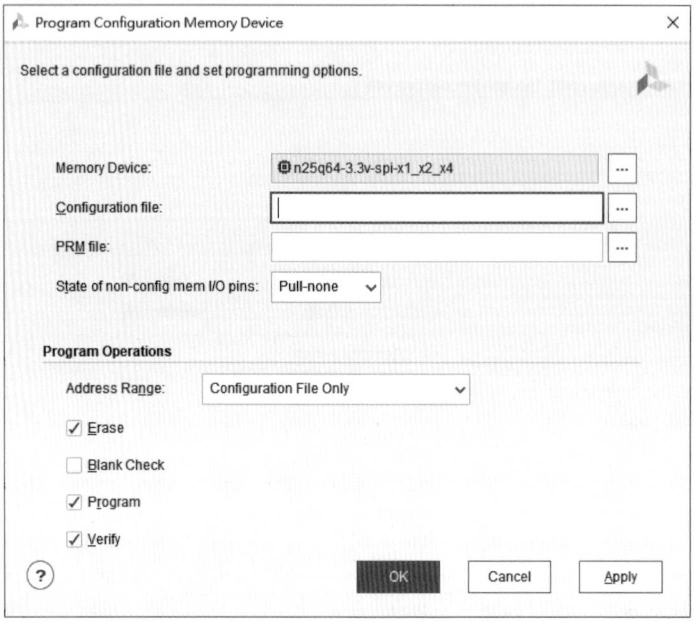

圖 1.34

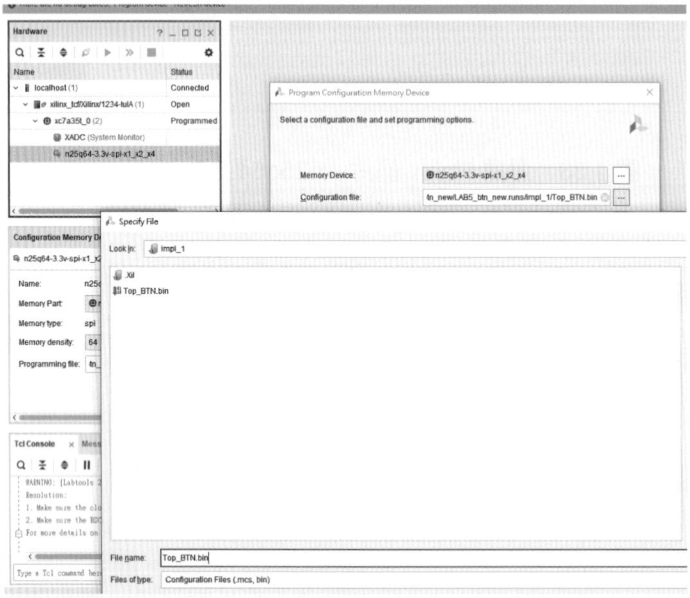

圖 1.35

7.   選中後點擊 OK，將代碼燒錄到 flash。

　　完成永久燒入之後開啓電源開發板就會自動執行預先燒入之 FPGA 電路，另外讀者若是需要將已經永久燒錄的電路消除，請依照下述步驟操作:

1. 右鍵選擇 Program Configuration Memory Device。

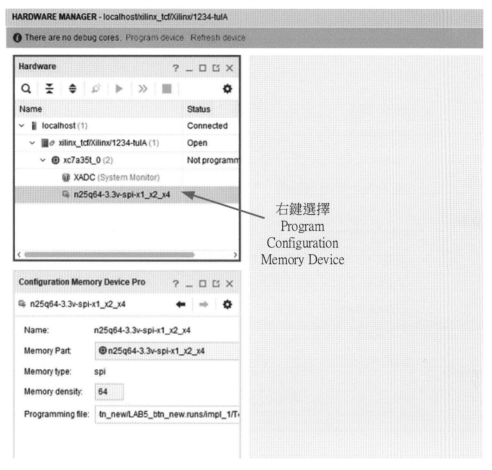

右鍵選擇
Program
Configuration
Memory Device

圖 1.36　選擇 FPGA 晶片

2. 右鍵選擇 Erase，點選 OK。

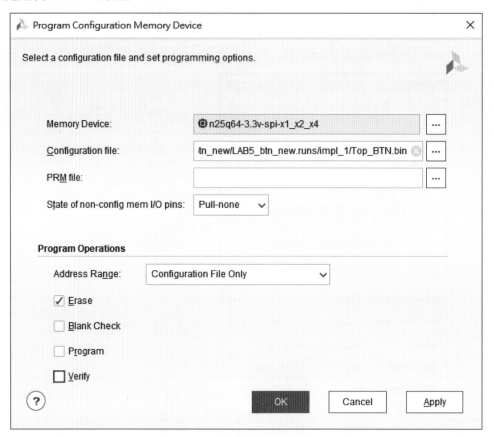

圖 1.37 選擇 Erase 步驟

3. 點選 OK，即完成清除 FPGA 電路。

圖 1.38 成功清除電路

1-4　FPGA 現場可程式化邏輯閘陣列原理

1.4.1　CPLD/FPGA 可規劃邏輯元件

　　可規劃邏輯元件由最早期的 1970 年代初 PLD (Programmable Logic Device)可程式化邏輯裝置演進到 1970 年代末期 CPLD (Complex Programmable Logic Device) 複雜可程式邏輯裝置。目前 CPLD 約可支援數千至萬個邏輯閘可規劃容量，約到 1980 年代 FPGA (Field Programmable Gate Array) 現場可程式化邏輯閘陣列問世後，FPGA 快速發展從數萬邏輯閘容量直到近期單一 FPGA 晶片可支援至到百萬邏輯閘容量。儘管 CPLD 與 FPGA 都是可規劃邏輯元件，市場仍以 Xilinx、Altera(現為 Intel)及 Lattice 為主要 CPLD 與 FPGA 開發商，但由於 FPGA 和 CPLD 結構設計上根本的差異，彼此之間還是存在各自不同的特點，如表 1.1 所示：

表 1.1　FPGA 與 CPLD 比較

特點	CPLD	FPGA
邏輯閘容量	數千至萬	數萬至百萬
單元大小	大 (PLD 結構)	小 (SRAM LUT)
晶片密度	低	高
連接方式	集中	分散
速度	高	低
時序分析	簡單	複雜
燒入方式	EPROM、EEROM、FLASH	SRAM
適用類型	單純邏輯控制	系統整合開發
成本	低	高

　　首先 CPLD 比 FPGA 使用起來更方便，由於 CPLD 的燒入採用 EPROM 或 FLASH 技術，不像 FPGA 還需外部存儲 SRAM 元件，系統設計起來較小且使用簡單。CPLD 相較於 FPGA 更適合完成各種算法和組合邏輯，而 FPGA 則適用於完成循序邏輯控制。由圖 1.39 所示之兩者架構比較可以知道：CPLD 的連續式連接架構使得其時序分析是均勻且容易分析的，而 FPGA 的分段式連接結構使得時序分析延遲因此更難預測，但在重複規畫上 FPGA 則比 CPLD 具有更大的靈活性。CPLD 通

過修改具有固定內部連接線路的邏輯功能來規劃，FPGA 主要通過選擇器改變內部連線來規劃。

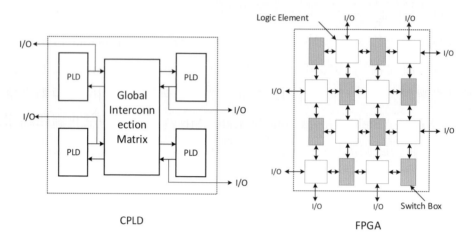

圖 1.39　CPLD 與 FPGA 可規劃邏輯元件比較。

　　在架構上來看，CPLD 主要是由 PLD 可規劃邏輯裝置之圍繞中心，其內部的可規劃互連矩陣單元(Global Interconnection Matrix)所組成，其中 PLD 邏輯結構較 FPGA 的 LUT 複雜，並具有複雜的 I/O 單元互連結構，可由設計者根據需要生成特定的電路結構，完成一定的組合邏輯功能。另外，由於 CPLD 內部採用固定長度的金屬線進行各邏輯塊的互連，因此設計的邏輯電路在合成階段時序分析較易分析，一直到近期 CPLD 功能發展才更為全面，並可支援重複規劃功能。

　　另一方面，FPGA 可重複規劃單元可分為三類：可規劃邏輯單元 Logic Element、可規劃端口單元 I/O 和可規劃互連單元 Switch Box。其中可編程邏輯單元 Logic Element 是實現邏輯運算功能的基本單元，通常會排列成一個陣列並散布在整個 FPGA 晶片內；可編程端口單元為可編程邏輯與外部封裝腳的接口，一般會圍繞在 FPGA 晶片四周；可規劃互連單元 I/O 包括各種長度的連線線段與可規劃連接開關，將個別可規劃邏輯單元或可規劃端口單元連接起來，構成邏輯電路。目前 FPGA 晶片即便是不同廠家所設計的產品，架構基本上都大同小異，都是以這三類可重複規劃單元組成，至多是內部互連線的結構和採用的可規劃元件功能特性上存在些微差異。相較於 CPLD 由 PLD 可規劃邏輯裝置組成，FPGA 以 SRAM 作為 Look-Up

Talbe (LUT)為可規劃單元架構在密度上會遠比 CPLD 高，並具有更複雜的布線結構和邏輯實現功能。現今的技術，單一 FPGA 晶片容量也可高達百萬邏輯閘以上。

1.4.2　可規劃邏輯單元 CLB

本書採用的 EGO1 開發板搭載 Xilinx Aritix 7 XC7A35T FPGA 晶片，目前 Xilinx 7 系列 FPGA 晶片的可規劃邏輯單元為 CLB (Configurable Logic Block)，如圖 1.40 所示，支援 6-input Look-up Table (6-LUT)，或兩個 5-LUT，部分 CLB 內部內建 256 位元的 Distributed Memory 與 128 位元 Shifter Register 的移位暫存器，因此可有效率地支援高速算術邏輯計算，不論是循序邏輯電路或是組合電路皆能被實現在 CLB 上。7 系列的 FPGA 晶片，每個 CLB 包括 2 個 Slice，而每 1 個 Slice 有 4 個 6-LUT 與 8 個 Flip-Flop。

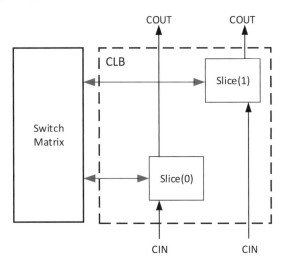

圖 1.40　Xilinx CLB 可規劃邏輯單元架構

(引用 7 Series FPGAs Configurable Logic Block UG474、2016 Xilinx)。

LUT 查表器本質是一個靜態隨機存取記憶體 SRAM，早年 FPGA 晶片多採用 4 輸入的 4-LUT，每個 LUT 可以看作一個有 4 位地址線的 16x1 的 SRAM，如圖 1.41 所示。當我們透過真值圖表或 Verilog HDL 硬體描述語言設計出一個邏輯電路後，FPGA 合成軟體會自動計算邏輯電路的所有可能的結果，並把結果事先寫入 SRAM，如此在 FPGA 運作時，每輸入一個信號進行邏輯運算就等於輸入一個地址進行查表，找出地址對應的內容，然後輸出。

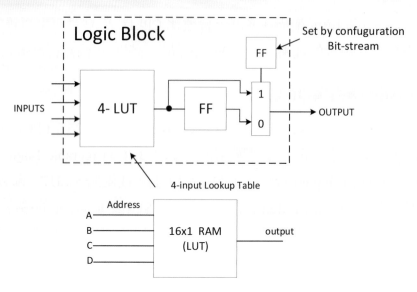

圖 1.41　可規劃邏輯單元 4-LUT 架構說明。

　　目前幾乎所有的 FPGA 晶片皆包含以查表法 LUT 架構實現可規劃邏輯單元，在此以一個 4-LUT 為例，假設要實現 A * B * C * D 的組合邏輯電路功能，則 4-LUT 內的記憶體 16x1 RAM 會被寫入如表 1.2 所示：

表 1.2　記憶體 16x1 RAM 的寫入結果(A * B * C * D)

ABCD 輸入	輸出	ABCD 輸入	輸出
0000	0	1000	0
0001	0	1001	0
0010	0	1010	0
0011	0	1011	0
0100	0	1100	0
0101	0	1101	0
0110	0	1110	0
0111	1	1111	0

　　如此一來，只有當輸入為 0111 時，會使得 A * B * C * D 的組合邏輯電路輸出為 1，其餘為 0。若換個方式，改變設計為 A + B + C + D 組合邏輯電路，則 4-LUT 內的記憶體 16x1 RAM 會被寫入如表 1.3 所示：

表 1.3　4-LUT 記憶體 16x1 RAM 的寫入結果(A + B + C + D)

ABCD 輸入	輸出	ABCD 輸入	輸出
0000	1	1000	0
0001	1	1001	1
0010	1	1010	1
0011	1	1011	1
0100	1	1100	1
0101	1	1101	1
0110	1	1110	1
0111	1	1111	1

　　只有當輸入為 1000 時，會使得 A + B + C + D 的組合邏輯電路輸出為 0，其餘為 1。FPGA 有效運用 LUT 查表方式實現邏輯電路，與 CPLD 相比，雖執行速度較慢，但基於 SRAM 的架構在晶片設計上的密度遠遠大於 CPLD，並輔以 EDA 工具在大型 FPGA 設計上，因此 SRAM 更適合自動生成與佈局，這關鍵因素使得主流 FPGA 晶片可輕易達到數十萬甚至百萬邏輯閘容量。

　　目前 EGO1 開發板所搭載的 Aritix 7 XC7A35T FPGA 晶片，內有 33,280 個可規劃邏輯單元、90 個 DSP48 計算器及 5 個除頻器。FPGA 晶片的可規劃邏輯單元為 CLB，支援 6-LUT 與 250 個可規劃 I/O 端口。表 1.4 所示為 Aritix 7 系列 FPGA 晶片列表介紹，受限於篇幅本書僅列出部分型號。

表 1.4　Aritix 7 系列 FPGA 晶片列表

Aritix 7 Devices	Logic Cells	CLBs		DSP48E 1	Block RAM	CMTs (MMCM & PLL)	XADC Blocks	User I/O
		Slices	D-RAM					
XC7A12T	12,800	2,000	171Kb	40	720 Kb	3	1	150
XC7A15T	16,640	2,600	200 Kb	45	900 Kb	5	1	250
XC7A35T	33,280	5,200	400 Kb	90	1,800 Kb	5	1	250
XC7A200T	215,360	33,650	2,888 Kb	740	13,140 Kb	10	1	500

　　Xilinx 7 系列的 FPGA 每個 Slice 單元內含 4 個 LUT、8 個 Flip-Flop、算術邏輯單元與 2 個進位器，但只有部分 Slice 有包含 256 位元的 Distributed Memory 與 128 位元的 Shifter Register 移位暫存器，圖 1.42 為有包含這些額外功能的 SLICEM，其

餘沒有的則記為 SLICEL。每一個 CLB 可規劃邏輯單元包括 2 個 SLICEL 單元或是 1 個 SLICEL 與 1 個 SLICEM。此外每個 DSP48E1 單元包含 1 個 Pre-adder、1 個 5 x 18 Multiplier 乘法器、1 個 Adder 加法器與 1 個 Accumulator 累加器。每個 CMT 單元包含 1 個 MMCM 混合模式時鐘管理器與 1 個 PLL 鎖相迴路。

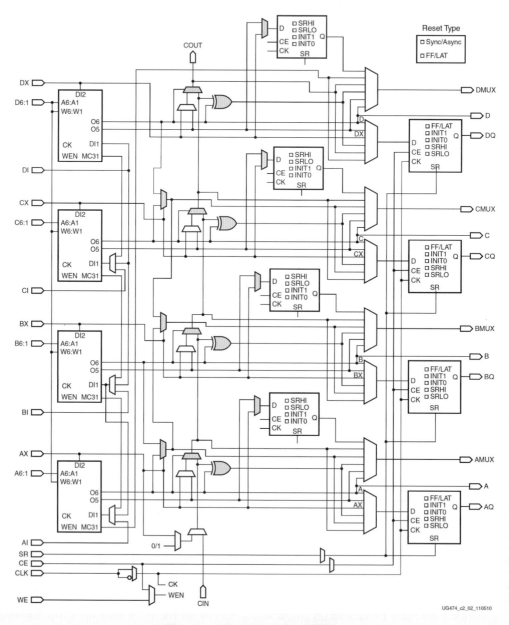

圖 1.42　Xilinx SLICEM 架構

(引用 7 Series FPGAs Configurable Logic Block UG474、2016 Xilinx)。

Chapter 2

加法器電路設計

2-1　半加器

　　半加器是將兩個輸入的二進位數字相加,分別得到兩個輸出為和(SUM)與進位
(CARRY),一般來說半加器常使用在多位元加法器之最低位元的相加,輸入腳位為
A、B,輸出腳位為 So、Cout,真值表如表 2.1 所示,布林方程式如下:

So = A xor B

Cout = A and B

表 2.1　半加器真值表

輸入		輸出	
A	B	So	Cout
0	0	0	0
1	0	1	0
0	1	1	0
1	1	0	1

2.1.1　創建半加器

1.　於視窗內點選 Create Project，其步驟與 1.3.1 章節相同。

2.　選取視窗選單 PROJECT MANAGER→ Add sources，開啓「New」對話框，選擇 "Add or create design sources"，如圖 2.1 所示，表示加入或是創建邏輯設計檔。

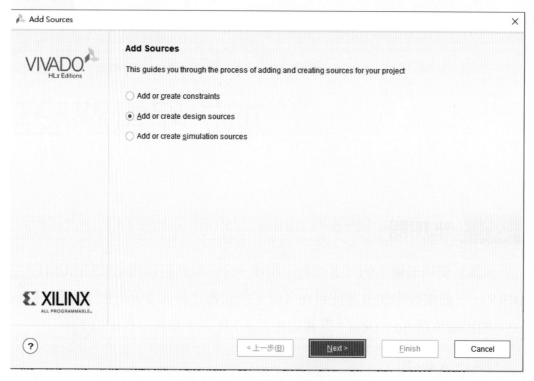

圖 2.1　加入或是創建邏輯設計檔

3. 加入 HalfAdder.v 半加器電路檔，Verilog 程式碼如圖 2.2 所示。

```verilog
1   `timescale 1ns / 1ps
2   module HalfAdder(
3       input A,
4       input B,
5       output So,
6       output Cout
7   );
8
9       xor u0(So,A,B);
10      and u1(Cout,A,B);
11
12  endmodule
```

圖 2.2 半加器 Verilog 程式碼

4. 在"RTL ANALYSIS"底下點擊"Schematic"即可出現如圖 2.3 的半加器電路圖。

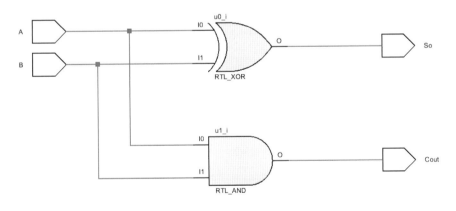

圖 2.3 半加器電路

2.1.2 模擬半加器

1. 接續剛剛的半加器電路設計，建立波形做為訊號輸入來驗證電路功能，點選 PROJECT MANAGER 底下的 Add Sources，選擇"Add or create simulation sources"案 Next，如圖 2.4 所示。點選"Add Files"選擇"HalfAdder_TB.v"後按 Finish，如圖 2.5 所示，主要目的為用來測試剛剛設計的半加器功能是否正常。

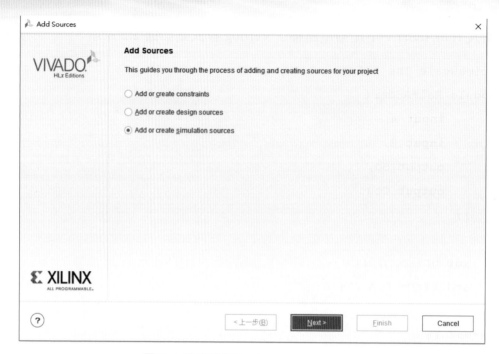

圖 2.4 建立或加入 simulation sources

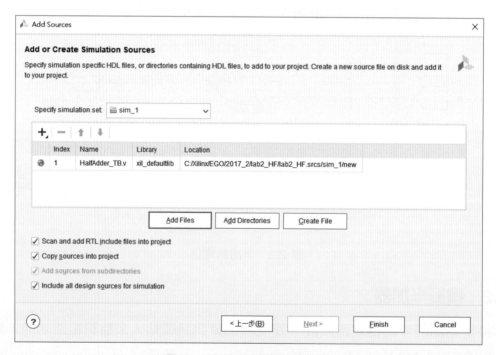

圖 2.5 加入或創建測試檔案

2. 點選 SIMULATION 底下的 "Run Simulation" 再按下 "Run Behavioral Simulation"，如圖 2.6 所示。

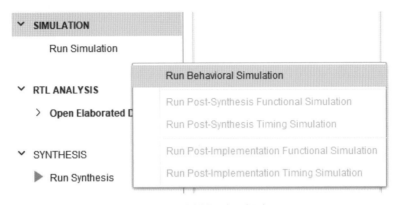

圖 2.6　跑模擬點選視窗

3. 如圖 2.7 所示，預設為 10ns，可依讀者需求自行調整。

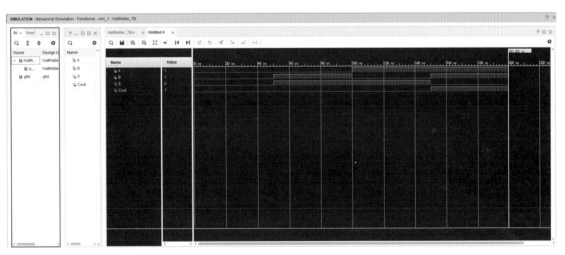

圖 2.7　模擬結果圖

2-2 全加器

與半加器相比較，全加器除了原有兩個輸入之外，還多出了一個來自上一個位元相加結果的進位輸入(Carry In)，然後得到兩個輸出分別為和結果(Sum)及進位輸出(Carry Out)，其輸入腳位為 A、B、Cin，輸出腳位為 So、Cout，真值表如表 2.2 所示，布林方程式如下：

So = A xor B xor Cin

Cout = (A and B) or (B and Cin) or (A and Cin)

表 2.2　全加器真值表

輸入			輸出	
A	B	Cin	Cout	So
0	0	0	0	0
0	0	1	0	1
0	1	0	0	1
0	1	1	1	0
1	0	0	0	1
1	0	1	1	0
1	1	0	1	0
1	1	1	1	1

2.2.1　創建全加器電路

1.　設計程序與 2.1.1 章節步驟雷同，將欲儲存之專案檔名設為 fulladder，並勾選 Add file to current project 後，加入 FullAdder.v，Verilog 程式碼如圖 2.8 所示。

2.

```
1  `timescale 1ns / 1ps
2  module FullAdder(
3      input A,
4      input B,
```

圖 2.8　一位元全加器 Verilog 程式碼

```
5        input Cin,
6        output So,
7        output Cout
8    );
9
10   wire Net1,Net2,Net3,Net4,Net5;
11   xor u0(Net1,Cin,A);
12   xor u1(So,Net1,B);
13
14   and u2(Net2,Cin,A);
15   and u3(Net3,Cin,B);
16   and u4(Net4,A,B);
17
18   or u5(Net5,Net2,Net3);
19   or u6(Cout,Net4,Net5);
20
21   endmodule
```

圖 2.8 一位元全加器 Verilog 程式碼(續)

3. 建立全加器電路設計，在這邊介紹兩種方式：

(1) 依照全加器的布林邏輯直接使用 3 個 input 腳位、2 個 output 腳位、3 個 and、2 個 xor 及 2 個 or 來組成全加器，輸入和輸出腳位名稱及各點接線如圖 2.9 所示。

(2) 使用 2 個半加器的電路符號來連接成一個全加器，如圖 2.10 所示。

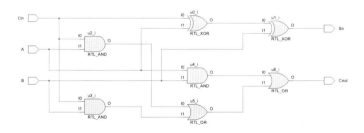

圖 2.9 全加器電路

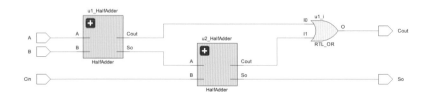

圖 2.10　全加器電路(由兩個半加器組成)

2.2.2　模擬全加器

　　模擬流程同 2.1.2 章節步驟測試全加器，加入 FullAdder_TB.v，即可儲存編譯及執行波形模擬，圖 2.11 為全加器波形模擬之結果。

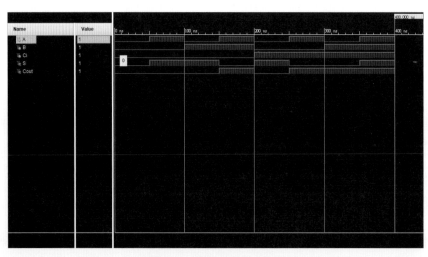

圖 2.11　波形模擬結果

2-3　四位元加法器

　　一個二進位的四位元加法器可以直接用 1 個半加器及 3 個全加器串聯來完成最基本的連波進位加法器設計(稍後第三章會以 Verilog HDL 語言來詳述其架構原理)，其輸入腳位為 A3、A2、A1、A0、B3、B2、B1、B0，輸出腳位為 S3、S2、S1、S0、Cout。

2.3.1　電路圖編輯四位元加法器

1. 設計程序同 2.1.1 章節步驟，建立專案。

2. 編輯四位元加法器電路：

加入 module：欲儲存之專案檔名設為 Fouradder，並勾選 Add file to current project 後，加入 FourAdder.v 與 FullAdder.v。Verilog 程式碼如圖 2.12 所示。

```verilog
1    `timescale 1ns / 1ps
2    module FourAdder(
3         input [3：0] A,
4         input [3：0] B,
5         input Cin,
6         output [3：0] So,
7         output Cout
8       );
9
10      wire Net1,Net2,Net3;
11
12      FullAdder
     u1_FullAdder(.A(A[0]),.B(B[0]),.Cin(Cin),.So(So[0]),.Cout(Net1));
13      FullAdder
     u2_FullAdder(.A(A[1]),.B(B[1]),.Cin(Net1),.So(So[1]),.Cout(Net2));
14      FullAdder
     u3_FullAdder(.A(A[2]),.B(B[2]),.Cin(Net2),.So(So[2]),.Cout(Net3));
15      FullAdder
     u4_FullAdder(.A(A[3]),.B(B[3]),.Cin(Net3),.So(So[3]),.Cout(Cout));
16
17   endmodule
```

圖 2.12　四位元加法器 Verilog 程式碼

3.　圖 2.13 為 4 Bit 加法器電路圖。

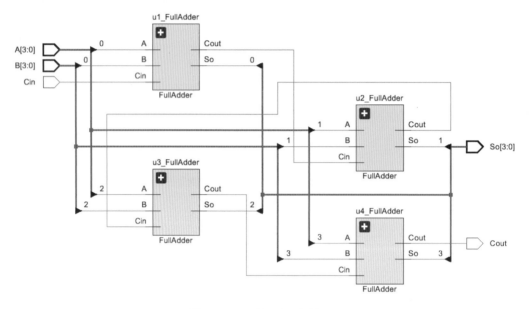

圖 2.13　四位元加法器電路

2.3.2　模擬四位元加法器

模擬流程同 2.1.2 章節步驟，編譯及執行波形模擬，圖 2.14 為四位元加法器的波形模擬結果。

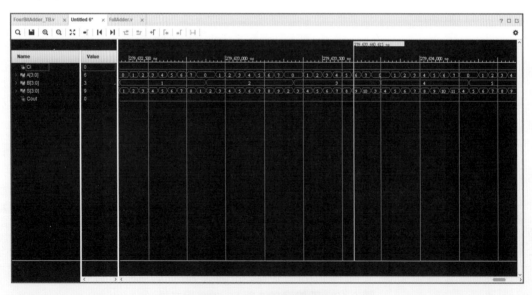

圖 2.14　波形模擬結果

2-4　練習題

2.4.1　八位元加法器

　　請依照模擬流程同 2.3.1 章節步驟，以圖 2.13 四位元加法器電路符號為基礎完成八位元漣波進位加法器，儲存編譯及執行波形模擬。

2.4.2　四位元乘法器

　　請依照下圖 2.15 與圖 2.16 所示意之四位元乘法陣列，以圖 2.9 的全加器符號為基礎完成四位元陣列乘法器，儲存編譯及執行波形模擬之。

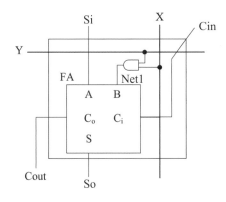

圖 2.15　陣列乘法器計算單元

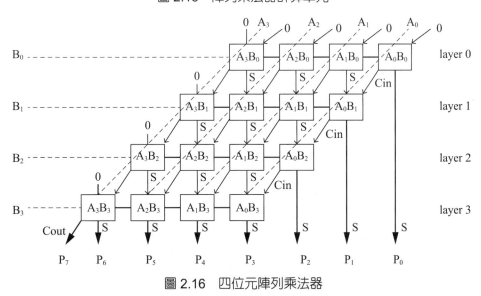

圖 2.16　四位元陣列乘法器

Chapter **3**

Verilog 硬體描述語言

3-1 Verilog 簡介

3.1.1 硬體描述語言 Verilog

自本章節將會開始為讀者介紹關於硬體描述語言的簡易入門，不同類型的 FPGA/CPLD 數位電路實習與其所對應之 Verilog 程式語法將會分別對讀者詳述如何實現於 Xilinx Vivado 平台之上。在目前主流數位 IC 設計領域有兩種不同的硬體描述語言 HDL(Hardware Description Language)，分別為 VHDL (VHSIC Hardware Description Language)與 Verilog (Verilog Hardware Description Language)。VHDL 全稱超高速積體電路硬體描述語言，誕生於 1983 年，1987 年被美國國防部和 IEEE 確定為標準的硬體描述語言。自從 IEEE 發布了 VHDL 的第一個標準版本 IEEE 1076-1987 後，各大 EDA 公司都先後推出了自己支援 VHDL 的 EDA 工具，在電子設計行業得到了廣泛的認同。此後 IEEE 又先後發布了 IEEE 1076-1993 和 IEEE 1076-2000 版本。另一方面，不同於 VHDL，Verilog 最初是由一般民間公司 Gateway 於 1983 年創立的 (後來 Gateway 於 1990 年被 Cadence 收購)，於 1992 年才正式被 IEEE 納入國際標準，成為了 IEEE 1364-1995，即我們通常所說的 Verilog-95。後來 Vierlog 功能擴展後的版本成為了 IEEE 1364-2001，即我們通常所說的

Verilog-2001，它具備一些新的實用功能，例如敏感列表、多維數組、生成語句塊、命名埠連接等等。這兩種不同之硬體描述語言在基於複雜可程式邏輯裝置 CPLD、現場可程式邏輯門陣列 FPGA 和特殊應用積體電路 ASIC 的數位系統設計中皆有著廣泛的應用。兩種語言的名稱上容易混淆，但實際上二者是兩種不同的硬體描述語言，但近年來大部分的電子設計自動化工具都可支援使用者在計畫專案中同時使用 VHDL 和 Verilog 來進行硬體設計合成與輸入輸出訊號分析模擬。雖然讀者於本書中只會學習到如何使用 Verilog HDL 於 Vivado 平台來設計專案，於相同的環境之下，讀者亦可引入自行設計之 Verilog 電路或是 VHDL 電路來進行混合模擬。

3.1.2 Verilog 基本語法

接下來我們將導引讀者如何於 Vivado 上以 Verilog 實現全加器電路設計了解 Verilog 基本語法。

1. 於 "Quick Start" 視窗內，點選 "Create Project"，其步驟與 1.3.1 章節相同。

2. 於 "PROJECT MANAGER" 視窗內點選 "Add sources"，加入 FullAdder.v。用來放置所需要之 Verilog 檔。

3. 完成後在 "sources" 視窗中點選 Hierarchy，將 FullAdder.v 點開，即可發現程式碼已經完成，如圖 3.1 所示，讀者可直接進行編譯。

```verilog
1   `timescale 1ns / 1ps
2   module FullAdder(
3       input A,
4       input B,
5       input Cin,
6       output So,
7       output Cout
8       );
9
10      wire Net1,Net2,Net3,Net4,Net5;
11      xor u0(Net1,Cin,A);
```

圖 3.1 一位元全加器 Verilog 程式碼

12	**xor** u1(So,Net1,B);
13	
14	**and** u2(Net2,Cin,A);
15	**and** u3(Net3,Cin,B);
16	**and** u4(Net4,A,B);
17	
18	**or** u5(Net5,Net2,Net3);
19	**or** u6(Cout,Net4,Net5);
20	
21	**endmodule**

圖 3.1　一位元全加器 Verilog 程式碼(續)

接下來我們回到圖 3.1 的程式碼中，讀者應該可以馬上發現四個 Verilog 重點語法：

1. 需注意 Verilog 電路中大小寫沒有分別。

2. 程式碼第 2 行到第 8 行為模組 Module 宣告。

3. 程式註解有兩種方法　//這是單行註解　與　/*　這是多行...註解 */。

4. 第 1 行 1ns / 1ps 表示為 1ns 波型紀錄顯示與 1ps 訊號模擬精準度

基本上，Verilog 的電路設計可分為二大部份，一是程式碼 2 行到 8 行的模組輸入輸出定義，另一個部分是 10 行到 19 行主體電路。二者的關係可以用一個簡單的例子加以說明，回想我們過去於數位邏輯實習中使用過的 74 系列 IC，其 74 系列 IC 的接腳介面就如同 module 中所宣告的輸出輸出介面，接著 IC 內部的電路功能就如同主體電路所敘述的控制行為。

Verilog 電路的第一部分 module 敘述了一個元件的輸出及輸入介面 (其中粗體藍字為保留字)。對每個輸出入訊號而言，在 module 時都要被指定成 port，就像在畫電路圖時的輸入輸出腳位一樣，其宣告時必需有腳位名稱、訊號輸出輸入的方向與資料型態。

訊號輸出輸入埠的方向可分為下列 3 種：

表 3.1　訊號輸出輸入埠的方向種類與說明

訊號方向	功能
Input	資料由元件輸入
Output	資料由元件輸出
Inout	資料可由元件輸入或是輸出 (Tri-buffer常用於匯流排之上)

輸出輸入埠的資料型態則可以分為很多種，我們於下列出常用的幾種：

表 3.2　輸出輸入埠的資料型態種類與說明

資料型態	功能
Wire	線路型態1個位元，可為0或1
Wire [N：0]	多位元線路型態，若N為3則表示為4位元匯流排
Reg	暫存器型態1個位元，可為0或1
Reg [N：0]	暫多位元存器型態，若N為3則表示為4位元暫存器
Tri	三態線路1個位元，可為0或1
Tri [N：0]	多位元三態暫存器線路
Integer	32位元整數，包含正負數，其實際電路等同於Reg [31：0]
Integer[7：0]	8位元整數，包含正負數，其實際電路等同於Reg [7：0]

　　每一種類型用法都可以宣告為多位元長度，Wire 連接器線路型態主要用於連接暫存器或是模組輸入輸出，Reg 暫存器用於存放模組輸出結果或是接受 Wire 連接器線路傳遞之訊號。Tri 三態暫存器線路可同時用於元件輸入或是輸出，主要用在匯流排之上。Integer 為一個 32 位元整數，若是沒有宣告位元長度，Verilog 預設是 32 位元，可表達正負數，主要用於 Counter 計算。以上型態填入的的參數定義如下所述：

表 3.3　參數定義態種類與說明

資料型態	功能
0	Zero
1	One
Z	High Impedance
X	Unknown

　　在本書 FPGA 實習的內容中，讀者只會使用到"0"定義值爲 0、"1"定義值爲 1、"X"未定義的值(通常是輸入輸出發生衝突或是初始模擬未定義其輸入值)、最後"Z"定義值爲高阻抗 Z(用於 Inout 輸出入埠，訊號接收時必須將 Inout 埠拉到高阻抗 Z)。由於本書並非專門針對硬體電路描述語言之專書，讀者可以自行參閱其他 Verilog HDL 或是 VHDL 專書或是 IEEE 標準來查詢更進階的語法與相關資料定義。

　　接下來我們再次回到圖 3.1 程式碼中的第 10 行到 19 行主體電路部分，Verilog 允許使用者利用幾種不同的方式來設計主體電路，依照設計師的設計方法，架構大致上可以分類爲三種類型，包括**行為描述**(behavior)、**資料傳輸**(dataflow)與**結構描述**(structure)這三種，或是這三種方式的任意組合。

　　以此範例來說，第 10 行到 19 行宣告了我們將使用 5 個連接線用於連接圖 3.2 中 5 個邏輯閘之間的連線，依照圖 3.2 中 5 個邏輯閘之間的連線方式直接宣告了兩個 xor 閘、一個 or 閘與兩個 and 閘。我們可以發現在程式中，使用者必需定義出資料在訊號間及資料在輸出輸入間是如何轉換，而且不使用循序敘述，所以這種類型被統稱爲資料傳輸(dataflow)。換句話說，在主體電路中所描述的程式碼沒有先後順序，即便是我們把第 11~12 行與第 18~19 行對調也沒有任何差別，如表 3.4 所示，因爲在**資料傳輸**(dataflow)模式下所描述的電路行爲皆是以相同時間點開始執行。

表 3.4　資料傳輸描述語法的電路行為沒有先後順序關係

11	`xor u0(Net1,Cin,A);`	`or u5(Net5,Net2,Net3);`
12	`xor u1(So,Net1,B);`	`or u6(Cout,Net4,Net5);`
13		
14	`and u2(Net2,Cin,A);`	`and u2(Net2,Cin,A);`
15	`and u3(Net3,Cin,B);`	`and u3(Net3,Cin,B);`
16	`and u4(Net4,A,B);`	`and u4(Net4,A,B);`
17		
18	`or u5(Net5,Net2,Net3);`	`xor u0(Net1,Cin,A);`
19	`or u6(Cout,Net4,Net5);`	`xor u1(So,Net1,B);`

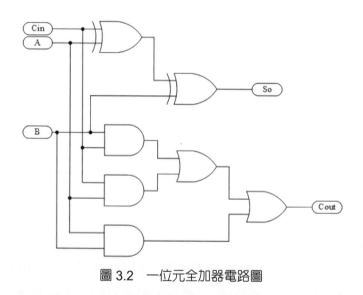

圖 3.2　一位元全加器電路圖

3-2　模組與階層化設計

3.2.1　階層化設計

　　為了要描述複雜大型硬體電路，設計人員可以藉由階層化的設計方法將複雜的電路功能劃分為簡單的功能模組，每個階層下的模組提供較簡單功能的基本結構。設計人員可以採取 Top-Down 由上而下的思路，將複雜的功能模組劃分為較低層次的模組，如圖 3.3 所示。這一步通常是由計畫工程師完成，而低層次的設計則由下一級專門負責該模組元件的工程師來完成。一般而言，Top-Down 的設計方式有利於系統級別層次劃分管理與模組重複利用，並提高了效率降低了成本。

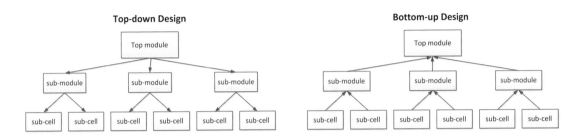

圖 3.3　Top-Down 設計與 Bottom-Up 設計

　　另一方面，Bottom-Up 的設計方式則是 Top-Down 設計方式的逆過程，相較於由上而下的方式則較為少見，工程師必須先由底層電路元件完成後再往上組合。由於本書中著重於使用 Verilog 於 Vivado 平台完成 FPGA 電路設計，除了少部分電路之外，大部分的基礎元件 Vivado 已經內建好，也就是說讀者在本書中所扮演的角色將會是計畫工程師，以 Top-Down 的觀點來完成實作。

　　延續上一章節的一位元加法器，請讀者依照圖 3.4 所示之架構以 Top-Down 的觀點來實現四位元漣波進位加法器：

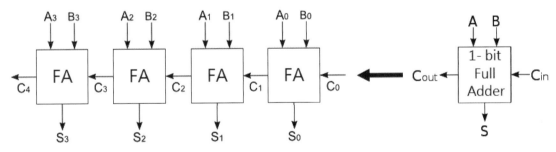

圖 3.4　串連四個全加器成為四位元漣波進位加法器 (4bit Ripple Carry Adder)

1. 於"Quick Start"視窗內，點選"Create Project"，其步驟與 1.3.1 章節相同。

2. 於"PROJECT MANAGER"視窗內點選" Add sources"，加入 FourAdder.v 與 FullAdder.v。用來放置所需要之 Verilog 檔。

3. 完成後在"sources"視窗中點選 Hierarchy，將 FullAdder.v 點開，即可發現程式碼已經完成，如圖 3.5 所示，讀者可直接進行編譯。

```
1    `timescale 1ns / 1ps
2    module FourAdder(
3        input [3:0] A,
4        input [3:0] B,
5        input Cin,
6        output [3:0] So,
7        output Cout
8    );
9
10   wire Net1,Net2,Net3;
11
12   FullAdder
     u1_FullAdder(.A(A[0]),.B(B[0]),.Cin(Cin),.So(So[0]),.Cout(Net1));
13   FullAdder
     u2_FullAdder(.A(A[1]),.B(B[1]),.Cin(Net1),.So(So[1]),.Cout(Net2));
14   FullAdder
     u3_FullAdder(.A(A[2]),.B(B[2]),.Cin(Net2),.So(So[2]),.Cout(Net3));
15   FullAdder
     u4_FullAdder(.A(A[3]),.B(B[3]),.Cin(Net3),.So(So[3]),.Cout(Cout));
16
17   endmodule
```

圖 3.5　四位元漣波進位加法器 Verilog 程式碼

接下來我們回到圖 3.5 四位元漣波進位加法器程式碼中的第 2 行到第 7 行，與先前一位元全加器不同之處為 A 與 B 的輸入與 So 的輸出此刻宣告為陣列類型的資料形態，陣列長度為 4 位元。在主體電路的部分，第 12 行至 15 行呼叫四個 1 位元全加器，我們可以發現其接線結構方式與圖 3.4 相同，每一個全加器的 Cin 輸入腳位與 Cout 輸出腳位的部分將會串接在一起形成進位鏈，這種加法器類型一般被稱為"漣波進位加法器"，其特徵為面積小省電，缺點則是速度慢。速度慢的原因則是由於每一級的位元加法必須等待上一級的 Cout 計算完成，換句話說，多少長度的漣波加法器結構，就必須要等待多少的週期(4 位元加法器需等待 4 計算周期的 Cout)。

　　此外，呼叫既有的電路功能能夠協助我們製作元件資料庫，它與 Port Map 結合可以讓我們利用現有的元件像堆積木一般累積出複雜的電路設計。從第 12 行至 15 行的 Port Map 腳位語法可寫爲下述兩種方式，如下所示：

位置對應表示式(Reference_by_Order)，必須要依照當初模組內所宣告的位置排列：

- `FullAdder u1_FullAdder(A[0],B[0],Cin ,So[0],Net1);`

- `FullAdder u2_FullAdder(A[1],B[1],Net1,So[1],Net2);`

- `FullAdder u3_FullAdder(A[2],B[2],Net2,So[2],Net3);`

- `FullAdder u4_FullAdder(A[3],B[3],Net3,So[3],Cout);`

名稱對應表示式(Reference_by_Name)，無須依照宣告位置排列：

- `FullAdder u1_FullAdder(.A(A[0]),.B(B[0]),.Cin(Cin),.So(So[0]),.Cout(Net1));`

- `FullAdder u2_FullAdder(.A(A[1]),.B(B[1]),.Cin(Net1),.So(So[1]),.Cout(Net2));`

- `FullAdder u3_FullAdder(.A(A[2]),.B(B[2]),.Cin(Net2),.So(So[2]),.Cout(Net3));`

- `FullAdder u4_FullAdder(.A(A[3]),.B(B[3]),.Cin(Net3),.So(So[3]),.Cout(Cout));`

　　需注意使用位置對應表示式的時候，腳位順序請務必完全對應當初 1 位元加法器內的 IO 宣告順序，如使用名稱對應表示式則無宣告順序之限制。

　　最後讀者是否還記得 Verilog 中描述電路的方法可以分類爲三種類型：**行爲描述(behavior)**、**資料傳輸(dataflow)與結構描述(structure)**。在這個例子中，我們依照圖 3.4 的架構宣告並使用到一位元全加器並引用四個全加器之方法稱爲**結構描述(structure)**。**結構描述(structure)**是由 Verilog 的 Netlist 電路所組成，因爲所有的零件都是由訊號線連接而成，整體設計具有強烈的階層性。最後一種電路設計類型，**行爲描述(behavior)**，我們稍後會在 3.4 章節爲讀者介紹比較器時，再做進一步的解釋。

3-3 加法器比較

3.3.1 前瞻進位加法器

延續上一章節的一位元加法器，請讀者依照圖 3.6 所示之架構同樣以 Top-Down 的觀點來實現四位元前瞻進位加法器：

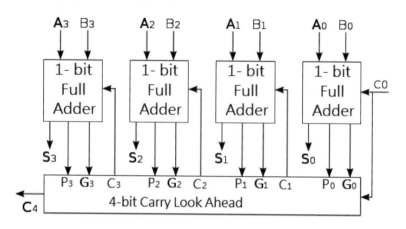

圖 3.6 四位元前瞻進位加法器 (Carry Lookahead Adder)

1. 於 "Quick Start" 視窗內，點選 "Create Project"，其步驟與 1.3.1 章節相同。

2. 於 "PROJECT MANAGER" 視窗內點選 " Add sources "，加入 FourAdder_CLA.v 與 FullAdder.v。用來放置所需要之 Verilog 檔。

3. 完成後在 "sources" 視窗中點選 Hierarchy，將 FullAdder_CLA.v 點開，即可發現程式碼已經完成，如圖 3.7 所示，讀者可直接進行編譯。

在圖 3.6 中我們可以看到與漣波進位加法器之間最大不同之處就是多了一個位於下方的 PG 訊號產生電路，其中 Propagate (P 訊號) 與 Generate(G 訊號)分別為：

$$G_i = A_i \cdot B_i$$

$$p_i = A_i \oplus B_i$$

```verilog
1   `timescale 1ns / 1ps
2   module FourAdder_CLA(
3       input [3:0] A,
4       input [3:0] B,
5       input Cin,
6       output [3:0] So,
7       output Cout
8   );
9
10      wire C1,C2,C3;
11      wire [3:0] G,P;
12
13      assign G = A & B;
14      assign P = A ^ B;
15
16      assign C1 = G[0] | (P[0] & Cin);
17      assign C2 = G[1] | (P[1] & (G[0] | (P[0] & Cin)));
18      assign C3 = G[2] | (P[2] & (G[1] | (P[1] & (G[0] | (P[0] & Cin)))));
19      assign Cout = G[3] | (P[3] & (G[2] | (P[2] & (G[1] | (P[1] & (G[0] | (P[0] & Cin)))))));
20
21      FullAdder u1_FullAdder(.A(A[0]),.B(B[0]),.Cin(Cin),.So(So[0]),.Cout());
22      FullAdder u2_FullAdder(.A(A[1]),.B(B[1]),.Cin(C1),.So(So[1]),.Cout());
23      FullAdder u3_FullAdder(.A(A[2]),.B(B[2]),.Cin(C2),.So(So[2]),.Cout());
24      FullAdder u4_FullAdder(.A(A[3]),.B(B[3]),.Cin(C3),.So(So[3]),.Cout());
25  endmodule
```

圖 3.7　四位元前瞻進位加法器 Verilog 程式碼

在上一章節中我們已得知連波進位加法器計算速度最大瓶頸之處就是進位鍊長度，其計算速度與加法器位元數成反比。為了改善這個問題，前瞻進位加法器利用了 PG 電路為所有位元的全加器產生所需之進位輸入 Cin，如下所示：

$$C_1 = G_0 + P_0 \cdot C_0$$

$$C_2 = G_1 + P_1 \cdot C_1$$

$$C_3 = G_2 + P_2 \cdot C_2$$

$$C_4 = G_3 + P_3 \cdot C_3$$

一開始先把 C_1 代入 C_2 我們可以得到只需要 PG 訊號與 Cin 的 C_2 展開公式：

$$C_2 = G_1 + G_0 \cdot P_1 + C_0 \cdot P_0 \cdot P_1$$

然後再把展開的 C_2 代入 C_3 我們可以得到只需要 PG 訊號與 Cin 的 C_3 展開公式：

$$C_3 = G_2 + G_1 \cdot P_2 + G_0 \cdot P_1 \cdot P_2 + C_0 \cdot P_0 \cdot P_1 \cdot P_2$$

一樣方法可以得到 C_4 展開公式

$$C_4 = G_3 + G_2 \cdot P_3 + G_1 \cdot P_2 \cdot P_3 + G_0 \cdot P_1 \cdot P_2 \cdot P_3 + C_0 \cdot P_0 \cdot P_1 \cdot P_2 \cdot P_3$$

接下來我們回到圖 3.7 四位元前瞻進位加法器 Verilog 程式碼的第 13 行到第 19 行，這一段落程式碼即為 PG 電路訊號產生的部分。跟圖 3.5 四位元連波加法器 Verilog 程式碼比較，在第 21 行至 24 行我們可以發現其每一個位元的全加器的 Cin 部分皆為空接狀態，這是因為每一個位元的加法器所需進位已經由 PG 電路求得，因此每個位元的 Sum 輸出計算時間最大延遲為各個位元的 Cout 公式展開部分。由於每一個位元所需之進位皆事先算出，故命名為前瞻進位加法器(Carry Lookahead Adder)，參考 2-3-2 節步驟完成模擬如圖 3.8 波形所示。

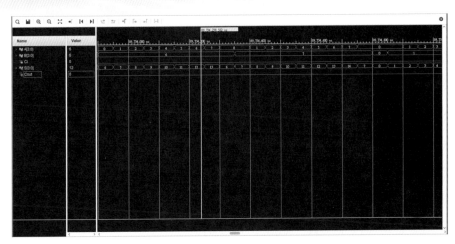

圖 3.8　前瞻進位加法器之波形圖

3.3.2　八位元漣波進位加法器與八位元前瞻進位加法器性能比較

　　兩者不同加法器結構比較中，我們可以明顯發現前瞻進位加法器所需之硬體資源較多，如圖 3.9 為兩者於 Vivado 電路合成的結果，可以得到相同的結論前瞻進位加法器需要較多的 FPGA 邏輯資源。

Utilization	Post-Synthesis	Post-Implementation
		Graph | Table

Resource	Utilization	Available	Utilization...
LUT	8	20800	0.04
IO	26	210	12.38

Power	Summary | On-Chip
Total On-Chip Power:	5.601 W
Junction Temperature:	51.8 ℃
Thermal Margin:	33.2 ℃ (6.9 W)
Effective ϑJA:	4.8 ℃/W
Power supplied to off-chip devices:	0 W
Confidence level:	Low
Implemented Power Report	

(a)　8 位元漣波進位加法器

Utilization	Post-Synthesis	Post-Implementation
		Graph | Table

Resource	Utilization	Available	Utilization %
LUT	8	20800	0.04
IO	26	210	12.38

Power	Summary | On-Chip
Total On-Chip Power:	5.6 W
Junction Temperature:	51.8 ℃
Thermal Margin:	33.2 ℃ (6.9 W)
Effective ϑJA:	4.8 ℃/W
Power supplied to off-chip devices:	0 W
Confidence level:	Low
Implemented Power Report	

(b)　8 位元前瞻進位加法器

圖 3.9　不同加法器於 Vivado 電路合成的比較結果

　　除了 CLA 加法器需要較多 LUT 和我們預期相同之外，接著我們還可以分別對兩種加法器進行最大延遲時間的分析，然後發現藉由 PG 電路事先算出每一個位元的進位後，可有效減少多位元加法器之延遲時間。其參考步驟如下：

1. 於 SYNTHSLS 選單下先點選 Run Synthesis，完成後點選 Report Timing Summary。如圖 3.10 所示。

2. 接著在跳出視窗畫面下的 Options 底下勾選 Repoert datasheet，在 Adanced 底下勾選 Report unique pins，並且勾選 Write results to file 且選定要輸出文字檔的路徑，設定完後按下 OK，如圖 3.11 所示。

3. 於底下的視窗中選中 Timing 標籤的頁面，並點選在底下的 Datasheet > Combination Delays。即可看到從輸入到輸出所需要的時間。如圖 3.12 所示。而輸出的文字檔則是詳細顯示所有時間數據，可以發現前瞻進位加法器比漣波進位加法器快了 0.571ns。

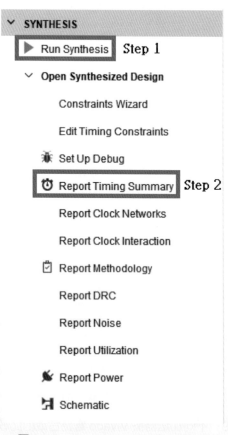

圖 3.10　Report Timing Summary

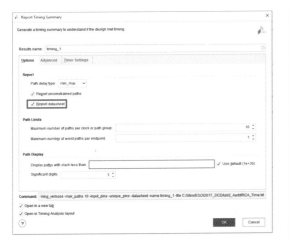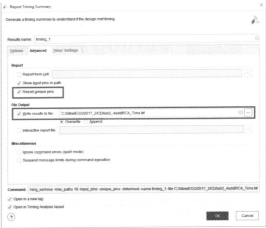

圖 3.11　Timing Report Datasheet

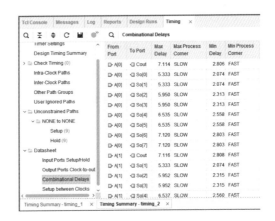

(a) 漣波進位加法器

(A[0]至 Cout 需要 7.106ns)

(b) 前瞻進位加法器

(A[0]至 S[5] 需要 6.535ns)

圖 3.12　電路最大延遲時間分析

3-4　**Verilog** 語法與範例

截至目前，讀者應該對 Verilog 硬體描述語言開始有了基本的概念，在進入下一章節之前，讀者將會經由練習不同種類的 Verilog 電路來學習更多 Verilog HDL 程式語法與邏輯電路練習，分別為四位元比較器、四位元 ALU 算術邏輯運算單元數字表達、計數器、選擇器、FIFO 數據緩衝器與 16 乘 8 唯讀記憶體。

3.4.1　四位元比較器與運算子

延續上一章節的四位元前瞻進位加法器的方式來實現四位元比較器：

1.　於"Quick Start"視窗內，點選"Create Project"，其步驟與 1.3.1 章節相同。

2.　於"PROJECT MANAGER"視窗內點選"Add sources"，加入 Comparator.v。用來放置所需要之 Verilog 檔。

3.　完成後在"sources"視窗中點選 Hierarchy，將 Comparator.v 點開，即可發現程式碼已經完成，如圖 3.13 所示，讀者可直接進行編譯。最後以第 2.1.2 章節相同步驟模擬該比較器可得到圖 3.14 之波形。

接下來我們回到圖 3.13 四位元比較器程式碼中的第 7 行，在這邊第一次使用到可參數化變數 parameter length = 4; 這代表接下來程式內出現任何的 length 參數代號皆會被視同為數字 4，利用這個方法讀者可以藉由直接修改第 7 行的數字來變更此設計為 **N 位元比較器**。接下來程式碼第 11 行到第 16 行為判斷輸入訊號 A 與訊號 B 之間的大小來決定 Ans 的結果，其中 A 大於 B 使 Ans 輸出為 01，A 小於 B 使 Ans 為輸出 10，最後 A 等於 B 使 Ans 輸出為 11。在這裡使用到了 Verilog 的關係運算單元(大於、小於、等於)。以下敘述 Verilog 語法中關於 If-Else 使用方法，基本上與 C 語言相同，若是功能敘述只有一行則不需要宣告 begin-end。

```
if(A > 5)
begin
    功能敘述;
end
```

```
if(A > 5)
begin
    功能敘述1;
end
else
begin
    功能敘述2;
end
```

```
if(A > B)
begin
    功能敘述1;
end
else if(A < B)
begin
    功能敘述2;
end
else
begin
    功能敘述3;
end
```

　　另外表 3.4 詳列了 Verilog 語言使用到的運算單元，包含關係運算單元，邏輯運算單元，算術運算單元、位移運算單元等這四種類型。圖 3.14 為模擬該四位元比較器的結果，當模擬時間為 0ns 時，A=0 且 B=5，結果 B 大於 A 使 Ans 輸出為 10。當模擬時間為 150ns 時，A=8 且 B=7，結果 A 大於 B 使 Ans 輸出為 01。

表 3.4　Verilog 運算單元功能說明

關係運算單元	功能	關係運算單元	功能
>	A > B (A 大於 B)	<	A < B (A 小於 B)
==	A == B (A 等於 B)	!=	A != B (A 不等於 B)
>=	A => B (A 大於或等於 B)	<=	A <= B (A 小於或等於 B)
===	A === B (A 事件上的等於 B)	!==	A !== B (A 事件上不等於 B)
!	C = !A (Not)		
&&	C = A && B (And)	||	C = A || B (Or)
位元運算單元	功能	邏輯運算單元	功能
~	A = ~B (Not)		
|	C = A | B (Or)	~|	C = A ~| B (Nor)
		|~	C = A |~ B (Nor)
&	C = A & B (And)	~&	C = A ~& B (Nand)
			C = A &~ B (Nand)
^	C = A ^ B (Xor)	~^	C = A ~^ B (Xnor)
		^~	C = A ^~ B (Xnor)
算術運算單元	功能	位元運算單元	功能
+	C = A + B (加)	-	C = A–B(減)
*	C = A * B (乘)	/	C = A / B (除)
**	C = A**2　(A 取 2 次方)	%	C = A % 2 (對 2 的餘數)
移位運算單元	功能	移位運算單元	功能
<<	C = A << 2 (邏輯左移)	>>	C = A >> 2 (邏輯右移)
<<<	C <= A <<< 2 (算術左移，保持正負數)	>>>	C = A >>> 2 (算術右移，保持正負數)
判斷運算符號	功能		
? :	Out = S?A : B (2 對 1 選擇器)		
連結運算符號	功能	連結運算符號	功能
{}	C = {A, B} (A 與 B 位元連結)	{ {} }	C={A {2}} (A 重複 2 次位元連結)

```verilog
`timescale 1ns / 1ps
module Comparator(
    input [length-1：0] A,
    input [length-1：0] B,
    output [1：0] Ans
);
    parameter length = 4;
    reg [1：0] result;


    always@(A,B) begin
        if(A > B)
            result = 2'b01;
        else if(A < B)
            result = 2'b10;
        else
            result = 2'b11;
    end

    assign Ans = result;

endmodule
```

圖 3.13　四位元比較器 Verilog 電路

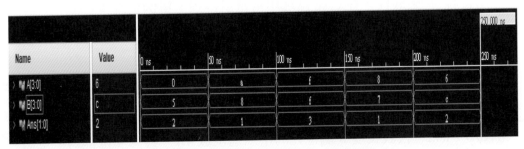

圖 3.14　四位元比較器 Verilog 電路波形

3.4.2　Verilog 數字表達

Verilog 在數字表達上有以下四種進制表示形式：　**<位元長度><進制><數字>**

(a)　二進位整數(b 或 B)　'b：二進位

例如：4'b1110，代表長度 4 個位元二進位數字 1110，等於十進位 14。

例如：8'b1110_0000，代表長度 8 個位元二進位數字 1110_0000，等於十進位 224。

(b)　十進位整數(d 或 D)　'd：十進位

例如：4'd3，代表長度 4 個位元十進位數字 3，等於二進位 4'b0011。

例如：8'd31，代表長度 8 個位元十進位數字 31，等於二進位 8'b0001_1111。

例如：'d100，沒有指定位元長度，預長度是 32 位元，等同於 32'd100。

(c)　十六進位整數(h 或 H) 'h：十六進位

例如：8'hE0，代表長度 8 個位元十六進位數字 EF，等於十進位 224。

例如：4'hA，代表長度 4 個位元十六進位數字 A，等於十進位 10。

(d)　八進位整數(o 或 O)　'o：八進位

例如：8'o340，代表長度 8 個位元八進位數字 340，等於十進位 224。

此外底線可以用來分隔長度來提高程式可讀性，但不可以用在位寬和進制處，只能用在數字之間。

16'b1010_1011_1111_1010；等於 16'Babfa。

8'b1110_0000；等於 8'hE0。

x 值和 z 值

在 Verilog HLD 電路中，x 代表不定值 Unknown，z 代表高阻值 High-Impedance。一個 x 可以定義為十六進位的 4 位長度，z 的表示方式同 x 相同，另外 z 亦可以用符號 ? 來取代，在 case 區塊中常常用得到，舉例來說：

例如：4'b11x0，代表長度 4 個位元二進位數字 11x0，第二位元值為不定值，可能為 4'b1110 或 4'b1100。

例如：4'b11z0，代表長度 4 個位元二進位數字 11z0，第二位為高阻值。

例如：8'dz，代表長度 8 個位元十進位數字，其值全為高阻值，也可以寫成 8'd?。

例如：8'h4x，代表長度 8 個位元的十六進位數 4X，其低 4 位都為不定值，等於 8'b0100_xxxx。

負數

在位元長度前面加一個減號，減號必須在數字定義運算式的最前面。

-8'd5，代表 5 的補數(採用 8 位元二進位表示)。

8-'d5，不合法語法。

8'd-5，不合法語法。

常量

常量未加標誌時，預設為 32 位元的十進位數字，字母用八位元的 ASCII 值表示。

31，等於 32'd31。

100，等於 32'd100。

A，等於 8'b01000001，字元 A 為十六進位數 8'h41。

B，等於 8'b01000010，字元 B 為十六進位數 8'h42。

3.4.3　四位元 ALU 算術邏輯單元

算術邏輯單位是中央處理器 CPU 的執行單元，也是所有種類的中央處理器核心部分，基本上由 and 邏輯閘與 or 邏輯閘所構成的算術邏輯單位，其最主要功能是執行二位元的算術邏輯運算，例如常見的整數加、減、乘與位移運算，通常不包括整數除法，其符號表示如圖 3.15。常見到的 ALU 都可以完成以下運算：

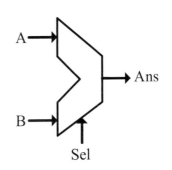

圖 3.15　算術邏輯單元 ALU 電路符號

● 算術運算單元功能(加、減、乘，有時還包括除，但面積較大)。

● 邏輯運算單元功能(and、or、not、xor、xnor)。

● 位移運算單元功能(將暫存器向左右移位)。

理論上我們可以設計出一個能夠完成所有種類運算的算術邏輯單位，不論運算有多複雜，但是問題在於運算若是越複雜，同樣的構成該算術邏輯單位的成本就越高，在中央處理器中所佔用的面積就會越大，消耗的功率就會越高。於是，工程師們經常計算一個折中的方案，提供給處理器一個能使其運算高速的 ALU，但同時又避免 ALU 設計的太複雜而價格昂貴。設想你需要計算一個數的平方根，工程師將評估以下的選項來完成此操作：

第一種方法是設計一個極度複雜的 ALU，其具備有一個周期完成對任意數位的平方根計算。

第二種方法是設計一個簡單的 ALU，藉由把平方根計算劃分多個步驟來執行，不過這個則需要有能夠儲存多道指令的複雜控制單元來控制，且需要等待多個計算週期，這裡以一個 4 位元 ALU 範例說明：

1. 於 "Quick Start" 視窗內，點選 "Create Project"，其步驟與 1.3.1 章節相同。

2. 於 "PROJECT MANAGER" 視窗內點選 "Add sources"，加入 ALU.v、ALU.tb。

3. 成後在 PROJECT MANAGER 視窗底下的 Sources 視窗中，將 ALU.v 點開，即可發現程式碼已經完成，如圖 3.16 所示，讀者可直接進行編譯。最後以第 2.1.2 章節相同步驟模擬該全加器的波形可得到圖 3.17 之波形。

接下來我們回到圖 3.16 四位元算術邏輯單元 ALU 程式碼中的第 11 行到第 26 行，當選擇器輸入 Sel 為 0 時執行加法，Sel 為 1 時執行減法，Sel 為 2 時執行 and 運算，Sel 為 3 時執行 or 運算，最後，Sel 為 4 時執行乘法。其他種類型的運算單元可以參照表 3.4。在第 22 行，由於執行四位元乘法最大結果會產生八位元，所以 Ans 輸出位元長度必須為八位元，因此在這邊 result 暫存器必須宣告為 8 位元。程式碼第 23 行 default： result = 8'b0000_0000; 這樣寫代表為 Sel 為其他值時全數給 0，相當於將輸出 Ans 歸零。圖 3.17 為模擬該四位元算術邏輯單元的結果，當模擬時間為 30ns 時，A=7 且 B=5，Sel 為 0 時執行加法運算，結果 Ans 輸出為 8' 0C。當模擬時間為 240ns 時，A=7 且 B=5，Sel 為 4 時執行乘法，結果 Ans 輸出為 8' h23。

```verilog
1   `timescale 1ns/1ps
2   module ALU(
3       input [3:0] A,
4       input [3:0] B,
5       input [2:0] Sel,
6       output [7:0] Ans
7   );
8
9   reg [7:0] result = 8'b0000_0000;
10
11  always@(A or B or Sel) begin
12      case(Sel)
13          3'b000:
14              result = A+B;
15          3'b001:
16              result = A-B;
17          3'b010:
18              result = A&B;
19          3'b011:
20              result = A|B;
21          3'b100:
22              result = A*B;
23          default:
24              result = 8'b0000_0000;
25      endcase
26  end
27
28  assign Ans = result;
29
30  endmodule
```

圖 3.16　四位元 ALU 算術邏輯單元 Verilog 電路

圖 3.17　四位元 ALU 電路模擬波形結果

3.4.4　計數器

　　接下來位讀者介紹如何使用 Verilog 硬體描述語言撰寫一個計數器，圖 3.18 為一個從 0 數到 100 的計數器 Verilog 程式碼，在程式碼第 8 行先行宣告一個 7 位元的暫存器 Q，最大可表示範圍是從 0 到 127。然後在第 10 行至 17 行為運算區塊內為循序敘述 Always 區塊模組，此電路由一個時脈訊號 clk 來驅動，在此範例中，輸入時脈訊號 clk 或重置訊號 rstn 產生任何變化都會使該區塊模組執行一次，當 rstn 為 0 時則立刻將暫存器 Q 歸零，然後每當 clk 時脈輸入訊號上升且為 1 時則對暫存器 Q 加 1，若暫存器 Q 為 100 時則歸零，最後再將暫存器 Q 輸出給 count 給外部訊號使用。在後續的章節中，讀者將會更近一步藉由使用計數器的模組來控制不同類型的專題應用，例如時鐘，除頻器，音樂盒等等功能。

1.　於 "Quick Start" 視窗內，點選 "Create Project"，其步驟與 1.3.1 章節相同。

2.　於 "PROJECT MANAGER" 視窗內點選 "Add sources"，加入 counter.v，Counter_tb.v。用來放置所需要之 Verilog 檔。

3.　成後在 PROJECT MANAGER 視窗底下的 Sources 視窗中，將 Counter.v 點開，即可發現程式碼已經完成，如圖 3.18 所示，讀者可直接進行編譯。最後以第 2.1.2 章節相同步驟模擬可得到圖 3.19 之波形。

```verilog
1    `timescale 1ns / 1ps
2    module Counter(
3        input clk,
4        input rstn,
5        output [6:0] count
6    );
7
8        reg [6:0] Q = 0;
9
```

圖 3.18　簡單計數器 Verilog 程式碼

```
10      always@(posedge clk or negedge rstn)begin
11          if(!rstn)
12              Q <= 0;
13          else if(Q > 99)
14              Q <= 0;
15          else
16              Q = Q + 1;
17      end
18
19      assign count = Q;
20
21  Endmodule
```

圖 3.18　計數器 Verilog 程式碼(續)

圖 3.19　計數器電路模擬波形結果

3.4.5　2 對 1 選擇器

接下來位讀者介紹如何使用 Verilog 硬體描述語言撰寫一個 2 對 1 選擇器，分別使用 If-Else、Case 以及三重運算子寫法表示，圖 3.20 為一個 2 對 1 選擇器 Verilog 程式碼，在程式碼第 6 行先行宣告三個 4 位元的暫存器暨輸出端口 Y1/Y2/Y3，最大可表示範圍是從 0 到 15。然後在第 9 行至 15 行為運算區塊內為循序敘述 Always 區塊模組，sel、A 與 B 產生任何變化都會使該區塊模組執行

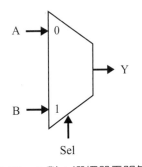

圖 3.20　2 對 1 選擇器電路符號

一次，運用 If-Else 語法，當 sel 為 0 時輸出 A 給 Y1，而 sel 為 1 時輸出 B 給 Y1。

同樣在第 17 行至 23 運算區塊內為使用 case 語法循序敘述 Always 區塊模組，當 sel 為 0 時輸出 A 給 Y2，而 sel 為 1 時輸出 B 給 Y2。最後在第 25 行使用三重運算子把 sel 做為指引，當 sel 為 0 時輸出 A 給 Y3，而 sel 為 1 時輸出 B 給 Y3。三種

1. 於 "Quick Start" 視窗內，點選 "Create Project"，其步驟與 1.3.1 章節相同。

2. 於 "PROJECT MANAGER" 視窗內點選 "Add sources"，加入 mux2_1.v、mux_tb.v。用來放置所需要之 Verilog 檔。

3. 成後在 PROJECT MANAGER 視窗底下的 Sources 視窗中，將 mux2_1.v 點開，即可發現程式碼已經完成，如圖 3.21 所示，讀者可直接進行編譯。最後以第 2.1.2 章節相同步驟模擬可得到圖 3.22 之波形。

```verilog
1   `timescale 1ns / 1ps
2   module mux2_1(
3       input [3:0] A,
4       input [3:0] B,
5       input sel,
6       output reg [3:0] Y1,Y2,
7       output     [3:0] Y3
8   );
9
10      always@(sel, A, B)
11      begin
12          if (sel)
13              Y1=B;
14          else
15              Y1=A;
16      end
17
18      always@(sel, A, B)
19      begin
20          case(sel)
21              1'b0 : Y2=A;
22              1'b1 : Y2=B;
23          endcase
24      end
25
```

26	`assign Y3 = sel ? B : A;`
27	
28	`endmodule`

圖 3.21　2 對 1 選擇器 Verilog 程式碼(續)

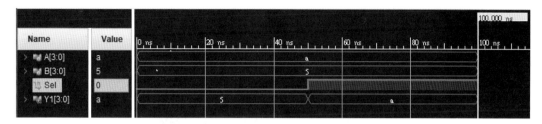

圖 3.22　2 對 1 選擇器之波形圖

3.4.6　FIFO 數據緩衝器

這裡為讀者介紹如何使用 Verilog 程式語言撰寫 FIFO 數據緩衝器，圖 3.23 及 3.24 為一個一維陣列長度為 4 的 FIFO，在程式碼第 7 行首先宣告一個一維陣列的暫存器，其一維陣列長度為 4，然後陣列內每一個元素為一個 4 位元暫存器，程式碼第 9 行至 22 行為運算區塊內為循序敘述 Always 區塊模組，此電路由一個時脈訊號 clk 來驅動，輸入時脈訊號 clk 或重置訊號 rstn 產生任何變化都會使該區塊模組執行一次，當 rstn 為 0 時則立刻將 FIFO 歸零，之後每次 clk 上升就將輸入 Din 擺到陣列第一個位置 FIFO[0]，以外每筆內容的向右移動一個位置，在 Always 運算區塊內有兩種資料指定方法，**同步指定(使用<=符號)與程序指定(使用=符號)**：

同步指定	程序指定
FIFO[0] <= Din;	FIFO[0] = Din;
FIFO[1] <= FIFO[0];	FIFO[1] = FIFO[0];
FIFO[2] <= FIFO[1];	FIFO[2] = FIFO[1];
FIFO[3] <= FIFO[2];	FIFO[3] = FIFO[2];

在這裡 FIFO 數據緩衝器必須要每次週期將資料內容向左搬動一個位置，需使用同步指定才對，若誤用程序指定則會在同一個周期內將 Din 輸入內容指到 FIFO[0]，然後被 Din 輸入蓋掉的 FIFO[0]內容繼續指到 FIFO[1]，最後 Din 輸入直接輸出到 FIFO[3]，請讀者務必分清楚**同步指定與程序指定之差異性**，如圖 3.25 與圖 3.26 所示。

```
1   module FIFO4(
2       input clk, rstn,
3       input [3:0] Din,
4       output [3:0] Q
5   );
6
7       reg [3:0] FIFO [3:0] ;
8
9       always @ (posedge clk or negedge rstn)begin
10          if (!rstn)begin
11              FIFO[0] <= 4'b0000;
12              FIFO[1] <= 4'b0000;
13              FIFO[2] <= 4'b0000;
14              FIFO[3] <= 4'b0000;
15          end
16          else
17          begin
18              FIFO[0] <= Din;
19              FIFO[1] <= FIFO[0];
20              FIFO[2] <= FIFO[1];
21              FIFO[3] <= FIFO[2];
22          end
23
24      assign Q=FIFO[3];
25      end
26
27  endmodule
```

圖 3.23　FIFO 同步指定 Verilog 程式碼

```
1   module FIFO4(
2       input clk, rstn,
3       input [3:0] Din,
4       output [3:0] Q
5   );
6
7       reg [3:0] FIFO [3:0] ;
8
9       always @ (posedge clk or negedge rstn)begin
10          if (!rstn)begin
11              FIFO[0] = 4'b0000;
12              FIFO[1] = 4'b0000;
13              FIFO[2] = 4'b0000;
14              FIFO[3] = 4'b0000;
15          End
16          Else
17          Begin
18              FIFO[0] = Din;
19              FIFO[1] = FIFO[0];
20              FIFO[2] = FIFO[1];
21              FIFO[3] = FIFO[2];
22          End
23
24      assign Q=FIFO[3];
25      end
26
27  endmodule
```

圖 3.24　FIFO 程序指定 Verilog 程式碼

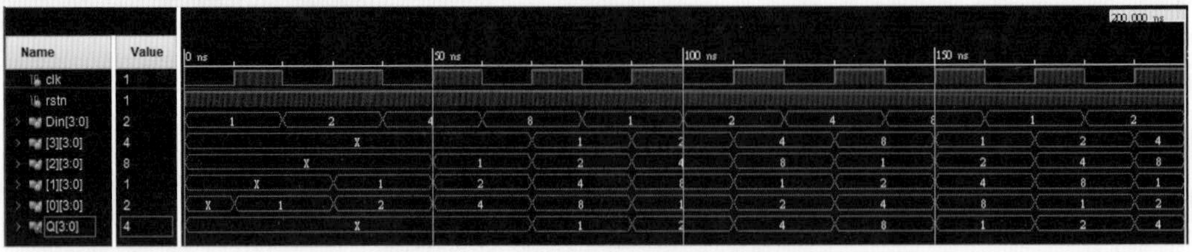

圖 3.25　FIFO 同步指定波形圖

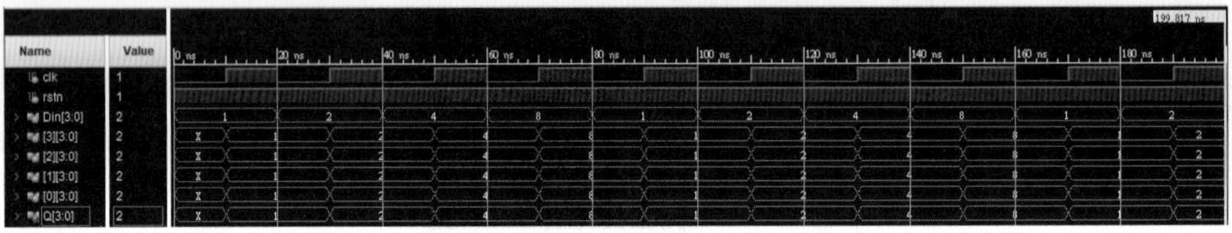

圖 3.26　FIFO 程序指定波形圖

3.4.7　16 乘 8 唯讀記憶體

接著為讀者介紹如何使用 Verilog 程式語言撰寫一個 16 乘 8 唯讀記憶體 ROM，圖 3.27 為一個 16 乘 8 唯讀記憶體的範例，在程式碼第 11 行首先宣告一個一維陣列的暫存器，其一維陣列長度為 16，然後陣列內每一個元素為一個 8 位元暫存器，接著在程式碼 12 至 15 行初始化 ROM_i 一維陣列暫存器，內容如下：

ROM_i[0] = 8'b1000_0001;

ROM_i[1] = 8'b1000_0010;

…省略

ROM_i[15] = 8'b1000_1111;

程式碼第 17 行至 24 行為運算區塊內為循序敘述 Always 區塊模組，此電路由一個時脈訊號 clk 來驅動，輸入時脈訊號 clk 或重置訊號 rstn 產生任何變化都會使該區塊模組執行一次，當 rstn 為 0 時則立刻將 Dout 輸出拉高至高阻抗狀態，然後每當 clk 時脈輸入訊號上升且 En 致能訊號為 1 時則依目前 Addr 位置做為陣列索引使用，最後再將 ROM_i[Addr]取得的內容輸出到外面去。做為陣列索引使用，最後再將取得的值輸出到外面去。

這是讀者第一次使用到 For 迴圈語法，Verilog 語法中支援四種迴圈方法，for loop、while loop、repeat loop 與 forever loop，其中 for loop 與 while loop 與 C 語言使用方法雷同，以下兩種範例皆為敘述執行一個迴圈 i=0 到 i=9。

```
for(i = 0 ; i < 10; i = i + 1)          i=0;
begin                                    while(i<10)
    功能敘述;                            begin
end                                          功能敘述;
                                             i=i+1;
                                         end
```

接著 repeat loop 與 forever loop 則是 Verilog HDL 中特有的語法，repeat(10)表示將重複執行 10 次功能敘述，repeat()函數帶入多少數字即表示執行多少次功能敘述。

```
repeat(10)                               forever
begin                                    begin
    功能敘述;                                功能敘述;
end                                      end
```

forever loop 則表示持續執行功能敘述，最被常用到例子就是在 testbench 中宣告 clock 產生器如下，一開始 clk 被重置為 0，之後每 10ns 就把 clk 反向，然後不斷重複，這相當於是產生一個周期為 20ns 的 clock，頻率為 50Mhz。

```
initial
begin
    clk = 1'b0;
    forever
    begin
      #10 clk = ~clk;
    end
end
```

1.　於"Quick Start"視窗內，點選"Create Project"，其步驟與 1.3.1 章節相同。

2.　於"PROJECT MANAGER"視窗內點選"Add sources"，加入 ROM.v。用來放置所需要之 Verilog 檔。

3. 成後在 PROJECT MANAGER 視窗底下的 Sources 視窗中，將 ROM.v 點開，即可發現程式碼已經完成，如圖 3.27 所示，讀者可直接進行編譯。最後以第 2.1.2 章節相同步驟模擬可得到圖 3.28 之波形。

```verilog
1   library ieee;
2   `timescale 1ns / 1ps
3   module ROM(
4         input clk,
5         input rstn,
6         input En,
7         input [3：0] Addr,
8         output reg [7：0] Dout
9       );
10
11      reg [7：0] ROM_i [15：0];
12      initial begin
13         for (integer i = 0 ; i < 16; i = i + 1)
14             ROM_i[i] = 8'h80 | (i+1);
15      end
16
17      always@(posedge clk or negedge rstn)begin
18         if(!rst_n)
19             Dout <= 8'hZZ;
20         else if(En == 1) begin
21             Dout <= ROM_i[Addr];
22         end else
23             Dout <= 8'hZZ;
24      end
25
26   endmodule
```

圖 3.27　16 乘 8 唯讀記憶體 Verilog 電路

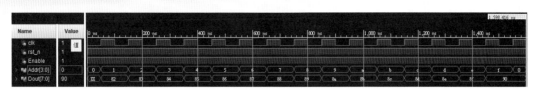

圖 3.28　16 乘 8 唯讀記憶體電路模擬波形結果

3.4.8　優先權編碼器

最後為讀者介紹如何使用 Verilog 程式語言撰寫優先權編碼器，優先權編碼器是一種能將多個二進位輸入壓縮成更少數目輸出的電路設計方法，優先權編碼器常用於在處理最高優先級請求時，控制中斷請求其輸出，由低位元位置到最高有效位位置的二進位表示。如果同時有兩個或多個符合規定的輸入資料進入優先權編碼器，優先權高的輸入將會先被輸出出去。下表是優先權 4 對 2 編碼器的例子，表格左邊是一般的 4 對 2 編碼器　右邊則是 4 對 2 優先權編碼器其中最高優先級的輸入在功能表的左側，「x」代表 Do not care 無關項，可是 1 也可是 0，也就是說不論 Do not care 無關項的值是什麼，都不影響輸出，只有最高優先級的輸入有變化時，輸出才會改變，舉例來說當 Input 輸入是 4'b1000，I3 為 1 是較高優先權，這個情況之下不管 I2~I0 的輸入為何，最後 Output 輸出都會被優先編碼為 2'b11。

4 對 2 一般編碼器						4 對 2 編碼器優先權編碼器					
I3	I2	I1	I0	O1	O0	I3	I2	I1	I0	O1	O0
0	0	0	1	0	0	0	0	0	X	0	0
0	0	1	0	0	1	0	0	1	X	0	1
0	1	0	0	1	0	0	1	X	X	1	0
1	0	0	0	1	1	1	X	X	X	1	1

下述步驟為一般 4 對 2 編碼器 Veriog 電路操作說明：

1. 於"Quick Start"視窗內，點選"Create Project"，其步驟與 1.3.1 章節相同。

2. 於"PROJECT MANAGER"視窗內點選" Add sources"，加入 Encoder42.v。用來放置所需要之 Verilog 檔。

3. 完成後在 PROJECT MANAGER 視窗底下的 Sources 視窗中，將 Encoder42.v 點開，即可發現程式碼已經完成，如圖 3.29 所示，讀者可直接進行編譯。最後以第 2.1.2 章節相同步驟模擬該 4 對 2 編碼器的波形，可得到圖 3.30 之波形。

```
1   module Encoder42(
2       input    [3:0]I,
3       output   [1:0]Y
4       );
5
6       reg [1:0]Y;
7
8       always@(I)
9           case(I)
10              4'b0001: Y=2'b00;
11              4'b0010: Y=2'b01;
12              4'b0100: Y=2'b10;
13              4'b1000: Y=2'b11;
14              default: Y=2'b00;
15          endcase
16  endmodule
```

圖 3.29　4 對 2 編碼器 Verilog 電路

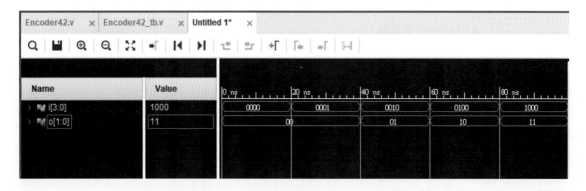

圖 3.30　4 對 2 編碼器電路模擬波形結果

接著下述步驟為 4 對 2 優先權編碼器 Veriog 電路操作說明：

1. 於"Quick Start"視窗內，點選"Create Project"，其步驟與 1.3.1 章節相同。

2. 於"PROJECT MANAGER"視窗內點選" Add sources"，加入 Encoder42_pri.v。用來放置所需要之 Verilog 檔。

3. 完成後在 PROJECT MANAGER 視窗底下的 Sources 視窗中，將 Encoder42_pri.v 點開，即可發現程式碼已經完成，如圖 3.31 所示，讀者可直接進行編譯。最後以第 2.1.2 章節相同步驟模擬該 4 對 2 優先編碼器的波形，可得到圖 3.32 之波形。

```
1   module Encoder42_pri(
2       input   [3:0]I,
3       output  reg [1:0]Y
4       );
5
6   always @(I)
7       begin
8           casex(I)
9               4'bxxx1: Y <= 2'b00;
10              4'bxx1x: Y <= 2'b01;
11              4'bx1xx: Y <= 2'b10;
12              4'b1xxx: Y <= 2'b11;
13          default: Y <= 2'b00;
14          endcase
15      end
16  endmodule
```

圖 3.31　4 對 2 優先編碼器 VERILOG 電路

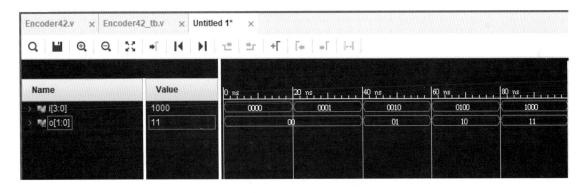

圖 3.32　4 對 2 優先編碼器電路模擬波形結果

最後下述步驟為 2 對 4 解碼器 Veriog 電路操作說明：

1. 於"Quick Start"視窗內，點選"Create Project"，其步驟與 1.3.1 章節相同。

2. 於"PROJECT MANAGER"視窗內點選" Add sources"，加入 Decoder24.v。用來放置所需要之 Verilog 檔。

3. 成後在 PROJECT MANAGER 視窗底下的 Sources 視窗中，將 Decoder24.v 點開，即可發現 2 對 4 解碼器程式碼已經完成，如圖 3.22 所示

```
1   module Decoder24(
2       input [1:0] I,
3       output reg [3:0] Y
4   );
5
6   always @ (*)
7       begin
8           Y = 4'b0000;
9        case(I)
10         2'b00: Y = 4'b0001;
11         2'b01: Y = 4'b0010;
12         2'b10: Y = 4'b0100;
13         2'b11: Y = 4'b1000;
14       endcase
15  end
16  endmodule
```

圖 3.33　2 對 4 解碼器 VERILOG 電路

3-5　練習題

3.5.1　八位元加法器比較

請依照模擬流程同 3.2 章節步驟，分別以 Verilog 實現八位元漣波進位加法器與前瞻進位加法器。

3.5.2　解碼器編碼器設計

請同 3.4.1 章節步驟，分別以 Verilog 實現 3 對 8 解碼器與 8 對 3 編碼器，如圖 3.29 所示。

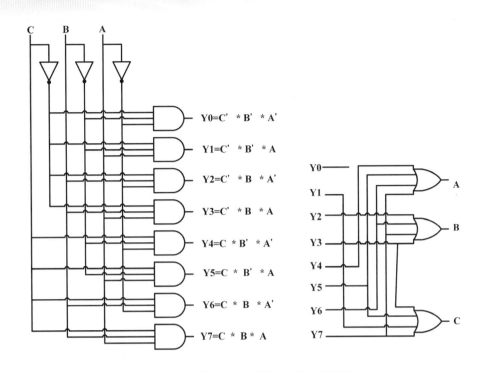

圖 3.34　3 對 8 解碼器與 8 對 3 編碼器

3.5.3　算術移位運算單元

　　請依照同 3.4.3 章節步驟，將>>、<<兩種邏輯移位運算式子與>>>、<<<兩種算數移位運算式子加入四位元算術邏輯單元內，並且試著解釋與模擬出邏輯移位與算術移位兩者之間的差別。

3.5.4　進位器跳躍加法

　　請依照模擬流程同 3.3 章節的步驟，並參考如圖 3.30 的架構圖，以 Verilog 實現四位元進位跳躍加法器(Carry Skip Adder, CSA)，並與前漣波進位加法器與前瞻進位加法器做性能比較。並思考為何 CSA 加法器能節省計算時間。

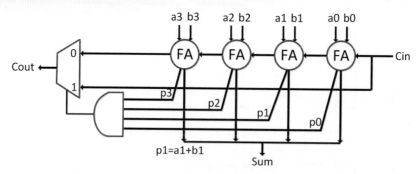

4-bit Carry Skip Adder

圖 3.35　四位元進位跳躍加法器(Carry Skip Adder, CSA)

3.5.5　4 對 1 選擇器

請依照模擬流程同 3.4.5 章節的步驟，分別以三重運算子，IF-ELSE 與 CASE 語法實現 4 對 1 選擇器，把 IF-ELSE 語法輸出指給 Y1，Case 語法輸出指給 Y2，三重運算子輸出指給 Y3。

3.5.6　16 乘 8 同步 SRAM 記憶體

請依照模擬流程同 3.4.7 章節的步驟，新增寫入功能 16 乘 8 同步 SRAM 記憶體，資料輸位為 8 位元長度的 Din，寫入控制訊號使用 wr，當 wr 輸入為 1 時，把 Din 輸入資料儲存在 Addr 指定的位置到 ROM_i。

Chapter 4

除頻器

4-1 除頻器設計

　　除頻器的功能是將外部輸入的高頻時脈波降爲低頻時脈波用以驅動速度較慢的電路元件,例如:LED 矩陣、伺服馬達或是 ADC 元件。一般除頻器電路可將 FPGA 外部輸入之石英震盪器產生的高頻時脈波降爲所需頻率之時脈波。而除頻器主要使用正反器來完成設計,當使用 n 個正反器來設計計數器時,代表此計數器有 2^n 個自然計數值。EGO1 外部輸入高頻時脈波爲 100MHz,經由除 2 之除頻器,可得到輸出結果 50MHz 之較低頻時脈波。本章節首將介紹除 2 及除 50 之除頻器,使用 Verilog 硬體描述語言來完成設計。

4.1.1　除 2 之除頻器

　　除 2 之頻器 Verilog 設計程序如下:

1.　於"Quick Start"視窗內,點選"Create Project",其步驟與 1.3.1 章節相同。

2.　於"PROJECT MANAGER"視窗內點選"Add sources",加入 div2.v,div2_tb.v。用來放置所需要之 Verilog 檔。

3.　完成後在"sources"視窗中點選 Hierarchy,將 div2.v 點開,即可發現程式碼已經完成,如圖 4.1 所示,讀者可直接進行編譯。

```verilog
 1    `timescale 1ns / 10ps
 2    module div2(
 3        input clkin,
 4        input rstn,
 5        output reg clkout = 0
 6    );
 7
 8    parameter Divider_Counter = 2;
 9    reg [1:0] Counter;
10
11    always@(posedge clkin or negedge rstn)begin
12        if(!rstn)
13            Counter <= 0;
14        else begin
15            if(Counter == (Divider_Counter - 1))
16                Counter <= 0;
17            else
18                Counter <= Counter + 1;
19        end
20    end
21
22    always@(posedge clkin or negedge rstn)begin
23        if(!rstn)
24            clkout <= 1'b0;
25        else begin
26            if(Counter < Divider_Counter/2)
27                clkout <= 1'b0;
28            else
29                clkout <= 1'b1;
30        end
31    end
32    endmodule
```

圖 4.1　除 2 除頻器之 Verilog 程式碼

在圖 4.1 中的除 2 除頻器電路的第 3 行至第 5 行定義了此模組有一個 clock 訊號輸入 clkin、一個 clock 訊號輸出 clkout(預設值爲 0)與一個反向重置訊號輸入。讀者是否還記得 Verilog 在主體電路中描述電路的方法可以分類爲三種模式：**行爲描述(behavior)**、**資料傳輸(dataflow)**與**結構描述(structure)** 。此程式碼在第 11 行至 20 行所描述的形爲即爲最常見之**行爲描述(behavior)**電路，使用者不需描述電路結構或連線方式，只要依序執行的順序，或定義出電路的功能便可以達到目的。因爲這種方式和 C 程式語言的用法相似，又通常被稱爲高階描述方式(High-Level Description)，這種高階描述方式的優點在於使用者不必耗費時間與精力在邏輯閘設計之上(Gate-Level Description)，只需要專注在正確地定義電路的功能。

圖 4.1 除 2 電路程式碼的第 11 行至 20 行爲 Always 區塊模組，此區塊是在 Verilog 中用來插入演算法的設計結構，在 Always 後面誇號內的訊號爲靈動列表 (Sensitivity list)。Sensitivity list 是用來判斷那些訊號的變化會造成該區塊模組的執行，在此範例中，輸入訊號 clkin 正邊緣或 rstn 負邊緣都會執行該區塊模組一次。此外有時我們只希望在波型的「正邊緣」或「負邊緣」時，才執行某些動作，這時候就可以用 posedge 或 negedge 這兩個關鍵字。

第 8 行定義了一個 Divider_Counter 參數，預設給定值爲 2，對應第 9 行計數器的暫存器 Counter 行計數器的 2 個位元如下：

```
parameter Divider_Counter = 2;
reg [1:0] Counter;
```

回到第 11 行至 20 行爲 Always 區塊模組，這裡敘述了當 rstn 爲 0 時將 Counter 歸零，否則當 clkin 時脈訊號輸入上升時則計數器 Counter 加 1，數到 Divider_Counter-1 時歸零。而另一個 Always 區塊模組，第 22 行至 31 行敘述了 clkout 除頻訊號輸出，當 rstn 爲 0 時將 clkout 歸零，否則當 clkin 時脈訊號輸入上升時若 Counter 小於 Divider_Counter/2 則 clkout 爲 0，否則爲 1。這相當於是除 2 的動作。

與之前我們所提到的**資料傳輸(dataflow)**與**結構描述(structure)**兩種電路描述方式相比，**行爲描述(behavior)**最大不同之處就是其執行模式爲循序電路，前兩者則爲同步電路，且支援類似 C 程式語言的描述方式，例如 if-else 判斷、for/while 迴圈或是 Function/Task 涵式呼叫等。

4.1.2 模擬除 2 之除頻器

模擬流程同 3.1.2 章節之步驟，加入 div2_tb.v 並執行波形模擬，模擬結果如圖 4.2 所示。

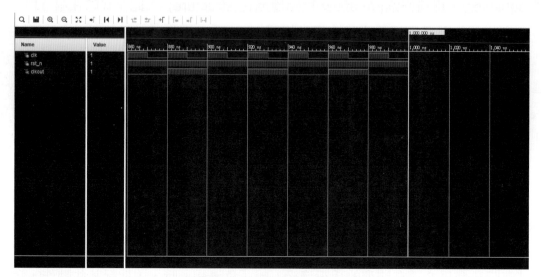

圖 4.2　除 2 除頻器之模擬結果

圖 4.3 為除 2 除頻器之波形動作原理，當 clkin 輸入週期訊號上升時，從黑點看出，clkout 會做一次反向動作，此時輸入頻率為輸出頻率的兩倍，也就是除 2 除頻器。當 rstn 為 0 時，可看出 clkout 被重置為 0。

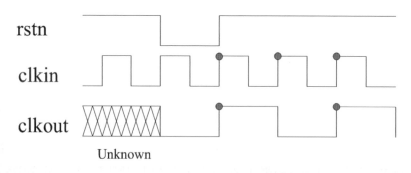

圖 4.3　除 2 除頻器之動作介紹

4-2　除 **50** 除頻器設計

設計一除 50 之除頻器，其設計原理為計數器的應用，將 50 除以 2 減 1 得 24，所以當計數範圍從 0 至 24 使輸出為 High，而計數範圍從 25 至 49 使輸出為 Low。

4.2.1　VERILOG 編輯除 50 之除頻器

除 50 之頻器 VERILOG 設計程序如下：

1. 於 "Quick Start" 視窗內，點選 "Create Project"，其步驟與 1.3.1 章節相同。

2. 於 "PROJECT MANAGER" 視窗內點選 "Add sources"，加入 div50.v，div50_tb.v。用來放置所需要之 Verilog 檔。

3. 完成後在 "sources" 視窗中點選 Hierarchy，將 div50.v 點開，即可發現程式碼已經完成，如圖 4.4 所示，讀者可直接進行編譯。

```
1    `timescale 1ns / 10ps
2    module div50(
3        input clkin,
4        input rstn,
5        output reg clkout = 0
6    );
7
8        parameter Divider_Counter = 50;
9        reg [5:0] Counter=0;
10
11       always@(posedge clkin or negedge rst_n)begin
12           if(!rstn)
13               Counter <= 0;
14           else begin
15               if(Counter == (Divider_Counter - 1))
16                   Counter <= 0;
17               else
18                   Counter <= Counter + 1;
19           end
```

圖 4.4　除 50 除頻器之 VERILOG 程式碼

```
20      end
21
22      always@(posedge clkin or negedge rst_n)begin
23        if(!rstn)
24          clkout <= 1'b0;
25        else begin
26          if(Counter < Divider_Counter/2)
27            clkout <= 1'b0;
28          else
29            clkout <= 1'b1;
30        end
31      end
32    endmodule
```

圖 4.4　除 50 除頻器之 VERILOG 程式碼(續)

這裡我們可以修改除 2 除頻器在第 8 行定義了一個 Divider_Counter 參數，預設給定值為 2，這裡對應第 9 行計數器的暫存器 Counter 行計數器為 7 個位元如下：

```
parameter Divider_Counter = 50;

reg [6：0] Counter;
```

當 counter 計數範圍是 0 到 24 時 clkout 保持輸出 0，數到 25 至 49 時則把 clkout 保持輸出 1，如此一來即可得到除 50 的效果，但是 counter 計數器因為是用計數的方式，故有電路延遲造成而外的誤差，產生的除頻結果會較為不精準。

4.2.2　模擬除 50 之除頻器

模擬流程同 3.1.2 章節之步驟，加入 div50_tb.v 並執行波形模擬，模擬結果如圖 4.5 所示。

圖 4.5　除 50 除頻器之模擬結果

4-3　除頻器整合設計

　　本章節將把一些常用到的時脈頻率如：1Hz 、10Hz、100Hz、1KHz 及 3 個自定義輸入頻率整合成一個輸入為 100MHz 然後輸出多頻率的電路模組，視讀者的需求來自行選擇所需要用到的時脈頻率，即使沒使用到浮接的輸出腳位，讀者也不用擔心是否浪費 FPGA 晶片可規劃邏輯資源，因 Vivado 在電路合成時會把浮接的接腳與其連接之子模組自動移除。

4.3.1　除頻器模組整合

　　整合除頻器步驟如下：

1. 於 "Quick Start" 視窗內，點選 "Create Project"，其步驟與 1.3.1 章節相同。

2. 於 "PROJECT MANAGER" 視窗內點選 "Add sources"，加入 Divider_Clock.v，div_clk_tb.v。用來放置所需要之 Verilog 檔。

3. 完成後在 "sources" 視窗中點選 Hierarchy，將 Divder_Clock.v 點開，即可發現程式碼已經完成，如圖 4.6 所示，讀者可直接進行編譯。在 Project Navigator 視窗中點選 Files。

```verilog
1    `timescale 1ns / 1ps
2    module Divider_Clock #(
3        parameter   Custom_Outputclk_0 = 10'b1,
4        parameter   Custom_Outputclk_1 = 10'b1,
5        parameter   Custom_Outputclk_2 = 10'b1
6    )(
7        input   clkin,
8        input   rstn,
9        output reg clkout_1K = 1,
10       output reg clkout_100 = 1,
11       output reg clkout_10 = 1,
12       output reg clkout_1 = 1,
13       output reg clkout_Custom_0 = 1,
14       output reg clkout_Custom_1 = 1,
```

圖 4.6　除頻器整合之 Verilog 程式碼

```verilog
15          output  reg clkout_Custom_2 = 1
16      );
17
18      function integer clogb2(input integer bit_Depth);
19          begin
20          for(clogb2 = 0; bit_Depth > 0 ; clogb2 = clogb2 + 1)
21              bit_Depth = bit_Depth >> 1;
22          end
23      endfunction
24
25      parameter Orianal_Clock = 100_000_000;
26
27      parameter Divider_Counter_1K = 100_000;
28      parameter Divider_Counter_100 = 1_000_000;
29      parameter Divider_Counter_10 = 10_000_000;
30      parameter Divider_Counter_1 = 100_000_000;
31
32      localparam integer Divider_Counter_C_0 = Orianal_Clock / Custom_Outputclk_0;
33      localparam integer Count_Bits_0 = clogb2(Divider_Counter_C_0 - 1);
34
35      localparam integer Divider_Counter_C_1 = Orianal_Clock / Custom_Outputclk_1;
36      localparam integer Count_Bits_1 = clogb2(Divider_Counter_C_1 - 1);
37
38      localparam integer Divider_Counter_C_2 = Orianal_Clock / Custom_Outputclk_2;
39      localparam integer Count_Bits_2 = clogb2(Divider_Counter_C_2 - 1);
40
41      reg [15:0] Counter_1k = 0;
42      reg [18:0] Counter_100 = 0;
43      reg [24:0] Counter_10 = 0;
44      reg [26:0] Counter_1 = 0;
45      reg [Count_Bits_0 - 1 : 0] Counter_C_0 = 0;
46      reg [Count_Bits_1 - 1 : 0] Counter_C_1 = 0;
47      reg [Count_Bits_2 - 1 : 0] Counter_C_2 = 0;
```

圖 4.6　除頻器整合之 Verilog 程式碼(續)

```verilog
48
49
50      always@(posedge clkin or negedge rstn)begin
51          if(!rstn) begin
52              Counter_1k <= 0;
53              Counter_100 <= 0;
54              Counter_10 <= 0;
55              Counter_1 <= 0;
56          end else begin
57              //1KHz
58              if(Counter_1k == (Divider_Counter_1K - 1))
59                  Counter_1k <= 0;
60              else
61                  Counter_1k = Counter_1k + 1;
62              //100Hz
63              if(Counter_100 == (Divider_Counter_100 - 1))
64                  Counter_100 <= 0;
65              else
66                  Counter_100 <= Counter_100 + 1;
67              //10Hz
68              if(Counter_10 == (Divider_Counter_10 - 1))
69                  Counter_10 <= 0;
70              else
71                  Counter_10 <= Counter_10 + 1;
72              //1Hz
73              if(Counter_1 == (Divider_Counter_1 - 1))
74                  Counter_1 <= 0;
75              else
76                  Counter_1 <= Counter_1 + 1;
77          end
78      end
79
80      always@(posedge clkin or negedge rstn)begin
```

圖 4.6　除頻器整合之 VERILOG 程式碼(續)

```
81          if(!rstn) begin
82              Counter_C_0 <= 0;
83              Counter_C_1 <= 0;
84              Counter_C_2 <= 0;
85          end else begin
86              //Custom_0
87              if(Divider_Counter_C_0 != Orianal_Clock)begin
88                  if(Counter_C_0 == (Divider_Counter_C_0 - 1))
89                      Counter_C_0 <= 0;
90                  else
91                      Counter_C_0 <= Counter_C_0 + 1;
92              end
93              //Custom_1
94              if(Divider_Counter_C_1 != Orianal_Clock)begin
95                  if(Counter_C_1 == (Divider_Counter_C_1 - 1))
96                      Counter_C_1 <= 0;
97                  else
98                      Counter_C_1 <= Counter_C_1 + 1;
99              end
100             //Custom_2
101             if(Divider_Counter_C_2 != Orianal_Clock)begin
102                 if(Counter_C_2 == (Divider_Counter_C_2 - 1))
103                     Counter_C_2 <= 0;
104                 else
105                     Counter_C_2 <= Counter_C_2 + 1;
106             end
107
108         end
109     end
110
111     always@(posedge clkin or negedge rstn) begin
112         if(!rstn) begin
113             clkout_1K <= 0;
```

圖 4.6　除頻器整合之 VERILOG 程式碼(續)

```
114        clkout_100 <= 0;
115        clkout_10 <= 0 ;
116        clkout_1 <= 0;
117        clkout_Custom_0 <= 0;
118        clkout_Custom_1 <= 0;
119        clkout_Custom_2 <= 0;
120    end else begin
121        //1KHz
122        if(Counter_1k < Divider_Counter_1K/2)
123            clkout_1K <= 1'b0;
124        else
125            clkout_1K <= 1'b1;
126        //100Hz
127        if(Counter_100 < Divider_Counter_100/2)
128            clkout_100 <= 1'b0;
129        else
130            clkout_100 <= 1'b1;
131        //10Hz
132        if(Counter_10 < Divider_Counter_10/2)
133            clkout_10 <= 1'b0;
134        else
135            clkout_10 <= 1'b1;
136        //1Hz
137        if(Counter_1 < Divider_Counter_1/2)
138            clkout_1 <= 1'b0;
139        else
140            clkout_1 <= 1'b1;
141        //Custom_0
142        if(Counter_C_0 < Divider_Counter_C_0/2)
143            clkout_Custom_0 <= 1'b0;
144        else
145            clkout_Custom_0 <= 1'b1;
146        //Custom_0
```

圖 4.6　除頻器整合之 VERILOG 程式碼(續)

```
147            if(Counter_C_1 < Divider_Counter_C_1/2)
148                clkout_Custom_1 <= 1'b0;
149            else
150                clkout_Custom_1 <= 1'b1;
151            //Custom_0
152            if(Counter_C_2 < Divider_Counter_C_2/2)
153                clkout_Custom_2 <= 1'b0;
154            else
155                clkout_Custom_2 <= 1'b1;
156        end
157    end
158 endmodule
```

圖 4.6　除頻器整合之 VERILOG 程式碼(續)

4.3.2　整合除頻器的驗證

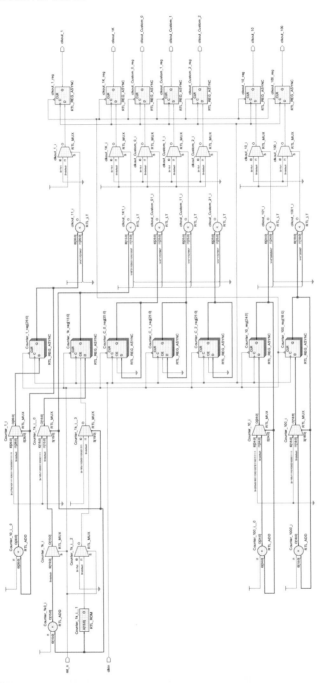

圖 4.7　除頻器整合電路

因為在 EGO1 上的 100MHz 輸入頻路被除頻器除 100M 及除 10M 之其 clkout 結果分別為 1Hz 及 10Hz，其輸出結果遠小於筆者實驗室的示波器可顯示之範圍，故接下來我們只對其他 2 種除頻器輸出結果用示波器做頻率驗證(1KH, 100Hz)，其步驟如下：

1.　基於圖 4.7 的整合除頻器，修改 EGO1.xdc 腳位依照圖 4.8 所示之接線方式將電路完成。

2.　此電路有 2 個 input 及 4 個 output，sys_clk_in 接腳為 100MHz 頻率輸入時脈及 GPIO 接腳輸出給示波器量測。

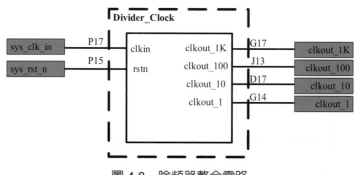

圖 4.8　除頻器整合電路

3.　在此使用 GIPO 腳位測量時脈前需要接地，讀者可以參考圖 4.9 所表示 GPIO 腳位對應來連接待量測訊號輸出到示波器。100Hz 請接到 GPIO(J13)，1kHz 請接到 GPIO(G17)，分別對 4 個除頻後的輸出時脈做量測，量測結果為圖 4.10 之波形圖。

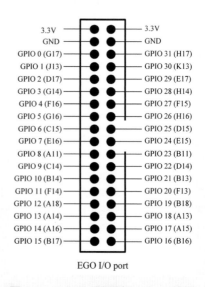

圖 4.9　EGO1 開發板 GPIO 位置

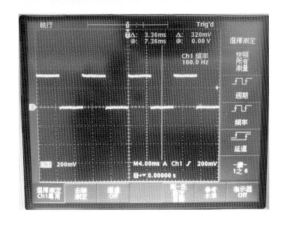 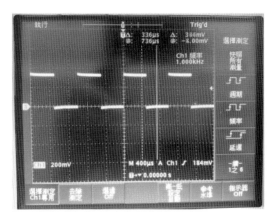

(a) 除 1M 除頻器之 Clkout 輸出 100HZ　　　(b) 除 100K 除頻器之 Clkout 輸出 1KHZ

圖 4.10　整合除頻器於 FPGA 平台上量測到的結果

(1Hz 與 10Hz 小於筆者實驗室的 Tektronix TDS 3054B 示波器顯示範圍)

4-4　PLL 鎖向迴路模組

　　在圖 4.10 中，我們可以發現到在 EGO 直接以計數器實現除頻器所得到之頻率輸出之結果其實不是很精確，對於誤差容忍較大的控制電路還尚無問題，例如 8 乘 8 LED 矩陣控制器或是伺服馬達控制器。但若是要產生 VGA 輸出所需之 clock 頻率，例如 1024x768@75MHz，使用計數器除頻恐怕無法達成目的，所以我們在此介紹另外一種方法，使用 Vivado 內建之 PLL 電路 IP 來精準產生一些特殊的頻率，其步驟如下：

1. 於 "PROJECT MANAGER" 視窗內點選 "IP Catalog"。

2. 在 IP Catalog 視窗內收尋打上 clock，尋找到 Clock Wizard 後點擊跳出 "Customize IP" 視窗。如圖 4.11、圖 4.12 所示。

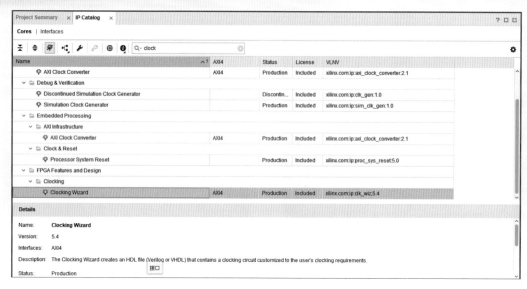

圖 4.11　IP Catalog 視窗

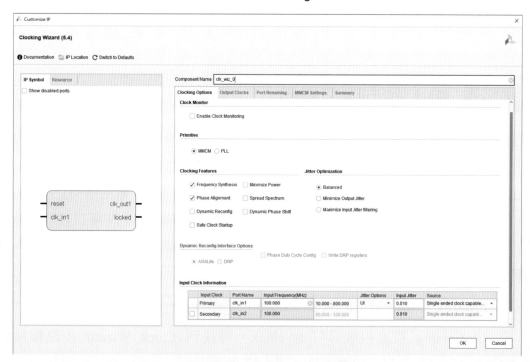

圖 4.12　Customize IP 視窗

3.　Customize IP 相關設定如下：

Component Name：使用者的此 IP 名稱 clk_wiz_O。

Clock Options 頁面，如圖 4.13：

● 　Primitive：選 PLL。

● 　Input Clock Information：在 source 選擇 No buffer。

Output Clocks 頁面，如圖 4.14：

● 　於 Output Freq(MHz)底下打上要輸出的頻率，此範例輸出頻率為 13。

● 　於 Reset Type 選擇 "Active Low"。

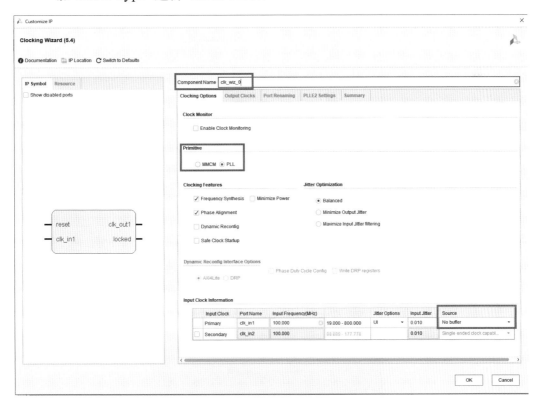

圖 4.13　PLL Customize IP 設定

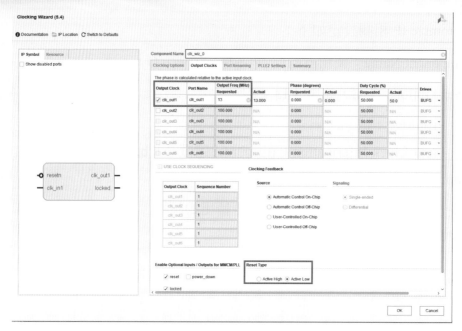

圖 4.14　PLL 頻率設定

4.　完成後按 OK，並按 Generate 後產生出 IP。

5.　點選 "Add Source" 加入 PLL.v，並按 "Generate Bitstream"，驗證 PLL 電路，其
　　合成的電路圖如圖 4.15。其驗證波形頻率如圖 4.16 所示。

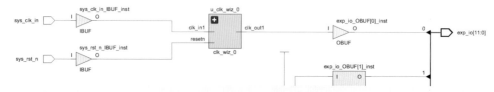

圖 4.15　基於 PLL 模組電路圖

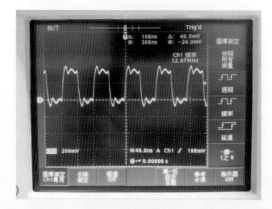

圖 4.16　PLL 電路頻率驗證 Clkout 輸出 13MHZ

Chapter 5

EGO1 基本單元
LED 燈、七段顯示器、按鈕、指撥器

LED 跑馬燈設計

　　本章節開始將會為讀者介紹如何以 Verilog 簡單控制 EGO1 上的基本元件，LED 燈、七段顯示器、指撥器與按鈕。欲設計使 LED 燈執行跑馬燈的功能，需應用狀態機設計一個跑馬燈模組，使 LED 顯示內容能受到控制。此外我們亦會為讀者介紹如何使用 Verilog 撰寫狀態機，以及米利與摩爾狀態機兩者之間的分別。

5.1.1 電路圖編輯跑馬燈

跑馬燈設計程序如下：

1. 於 "Quick Start" 視窗內，點選 "Create Project"，其步驟與 1.3.1 章節相同。

2. 於 "PROJECT MANAGER" 視窗內點選 "Add sources"，加入 Top_Led.v 與 Divider_Clock.v。用來放置所需要之 Verilog 檔。

3. 完成後在 "sources" 視窗中點選 Hierarchy，將 Top_Led.v 點開，即可發現程式碼已經完成，如圖 5.1 所示，讀者可直接進行編譯。

```verilog
1   `timescale 1ns / 10ps
2   module Top_Led(
3       input sys_clk_in,
4       input sys_rst_n,
5       output [7:0] led
6   );
7
8   wire clk, rstn;
9   reg [7:0] led_show = 8'b0000_0001;
10  assign rstn = sys_rst_n;
11  Divider_Clock #(
12      .Custom_Outputclk_0(),
13      .Custom_Outputclk_1(),
14      .Custom_Outputclk_2()
15  )u_Divider_Clock(
16      .clkin(sys_clk_in),
17      .rst_n(sys_rst_n),
18      .clkout_1K(),
19      .clkout_100(),
20      .clkout_10(),
21      .clkout_1(clk),
22      .clkout_Custom_0(),
23      .clkout_Custom_1(),
24      .clkout_Custom_2()
25  );
26
27  always@(posedge clk or negedge rstn)
    begin
28      if(!rstn)
29          led_show <= 8'b0000_0001;
30      else begin
31          case(led_show[7])
32              1'b0:
```

圖 5.1　跑馬燈 Top_Led 之 Verilog 程式碼

33	led_show <= led_show << 1;
34	1'b1:
35	led_show <= 8'b0000_0001;
36	default :
37	led_show <= 8'b0000_0001;
38	endcase
39	end
40	End
41	
42	assign led = led_show;
43	
44	endmodule

圖 5.1　跑馬燈 Top_Led 之 Verilog 程式碼(續)

　　其中跑馬燈模組器有 2 個輸入訊號，時脈輸入 sys_clk_in 及重置訊號 sys_rst_n，1 個 8 位元輸出匯流排訊號 led[7：0]。而程式碼如圖 5.1 所示，其中第 11 行與第 25 行引用了範例 4.3 的除頻器，並將 sys_clk_in 從 100Mhz 選擇除頻到 1Hz，程式碼第 27 行至 40 行的 always 區塊循序電路部分的 rstn 輸入為 0 模組被重置時或最初始時，led_show 暫存器被重置為 8'b0000_0001。不然的話，每當 clk 時脈訊號上升時，檢查 led_show[7]位元，若為 1'b0 則把 led_show 暫存器向右移 1 個位元，若為 1'b1 則重置為 8'b0000_0001。可以發現其輸出內容依序從左到右，讀者可以嘗試調整除頻器的速度讓跑馬燈變快，圖 5.2 為 Top_Led 的電路圖。

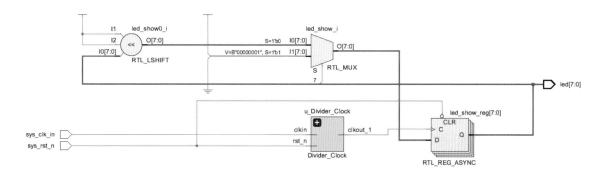

圖 5.2　Top_Led 跑馬燈電路圖

5.1.2　Verilog 狀態機

在 EGO1 上完成了跑馬燈實作後，讀者應該在第三章節中對如何使用 Verilog 的 case 語法稍許有了些概念，若回憶在數位邏輯課程中所學到關於狀態機的內容，不知道是否還記得狀態機依據輸入與輸出之間的關係可以分為**米利**與**摩爾**狀態機 (Mealy and Moore Finite State Machine)，圖 5.3 表示為兩種狀態機的示意圖，兩者狀態機皆會在每次時脈訊號上升時改變狀態，但米利狀態機的特徵為每當 Data_in 輸入有任何變化時，Data_out 就會立即改變。而摩爾狀態機當 Data_in 輸入有任何變化時，Data_out 不會立即改變，必須等待移動到下一個狀態機時才會改變。

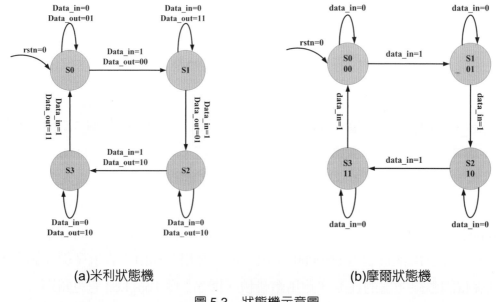

(a)米利狀態機　　　　　　　　　　　(b)摩爾狀態機

圖 5.3　狀態機示意圖

現在我們回到圖 5.4 所敘述的米利狀態機 Verilog 程式碼，程式碼第 14 行到第 18 行宣告了一個狀態機類別有 S0 至 S3 共 4 個狀態，在第 24 行到第 53 行 Always 區塊電路模組中，當循序電路的 rstn 輸入為 0 模組被重置時，state 變數被重置為 S0 狀態。不然的話，每當 clk 時脈訊號上升時，state 變數會由目前的狀態移動根據 Data_in 輸入值來決定是否要移動下一個狀態。最後，程式碼第 57 行至 81 行的 Always 循序電路描述功能為依照目前狀態機的狀態與 Data_in 輸入的變化來決定當下 Data_out 的輸出。換句話說，米利狀態機當輸入有任何變化時就會立刻反映在輸出之上。

```verilog
1   //A Mealy machine has outputs that depend on both the state and
2   //the inputs.   When the inputs change, the outputs are updated
3   //immediately, without waiting for a clock edge.  The outputs
4   //can be written more than once per state or per clock cycle.
5
6   module mealy_4s
7   (
8       input clk, rstn,
9       input data_in,
10      output  [1：0] data_out
11  );
12
13
14  localparam [1：0] // 4 states
15      s0 = 2'b00,
16      s1 = 2'b01,
17      s2 = 2'b10,
18      s3 = 2'b11;
19
20  reg[1：0] state;
21
22  //Determine the next state synchronously, based on
23  //the current state and the input
24  always @(posedge clk, negedge rstn)
25  begin
26      if(!rstn) // go to state s0 if reset
27          state <= s0;
28      else // otherwise update the states
29          begin
30              case(state)
31              s0：
32                  if(data_in)
```

圖 5.4 米利狀態機 Verilog 程式碼範例

```verilog
33                    state <= s1;
34              else
35                    state <= s0;
36          s1 :
37              if(data_in)
38                    state <= s2;
39              else
40                    state <= s1;
41          s2 :
42              if(data_in)
43                    state <= s3;
44              else
45                    state <= s2;
46          s3 :
47              if(data_in)
48                    state <= s0;
49              else
50                    state <= s3;
51          endcase
52      end
53  end
54
55  // Determine the output based only on the current state
56  // and the input (do not wait for a clock edge).
57  always @(state, data_in)
58  begin
59    case(state)
60      s0 :
61          if(data_in)
62              data_out <= 2'b00;
63          else
64              data_out <= 2'b01;
65      s1 :
```

圖 5.4　米利狀態機 Verilog 程式碼範例(續)

```
66        if(data_in)
67            data_out <= 2'b01;
68        else
69            data_out <= 2'b11;
70    s2 :
71        if(data_in)
72            data_out <= 2'b10;
73        else
74            data_out <= 2'b10;
75    s3 :
76        if(data_in)
77            data_out <= 2'b11;
78        else
79            data_out <= 2'b10;
80    endcase
81 end
```

圖 5.4　米利狀態機 Verilog 程式碼範例(續)

　　接下來圖 5.5 描述了摩爾狀態機 Verilog 程式碼，程式碼第 14 行與第 18 行一樣宣告了一個狀態機類別有 S0 至 S3 共 4 個狀態。在第 22 行到第 51 行 Always 區塊電路模組，當循序電路的 rstn 輸入爲 0 模組被重置時，state 變數被重置爲 S0 狀態。不然的話，每當 clkin 時脈訊號上升時，state 變數會由目前的狀態移動根據 Data_in 輸入值來決定是否要移動下一個狀態。最後，程式碼第 54 行至 62 行的 Process 區塊循序電路描述功能只會依照目前的狀態來決定當下 Data_out 的輸出。換句話說，摩爾狀態機只會依據當下的狀態機的狀態來決定輸出值。

```verilog
1    //A Moore machine's outputs are dependent only on the current state.
2    //The output is written only when the state changes.   (State transitions
3    are synchronous.)
4
5    module moore_4s
6    (
7        input clk, rstn,
8        input data_in,
9        output  [1：0] data_out
10   );
11
12
13   localparam [1：0] // 4 states
14       s0 = 2'b00,
15       s1 = 2'b01,
16       s2 = 2'b10,
17       s3 = 2'b11;
18
19   reg[1：0] state;
20
21   //Logic to advance to the next state
22   always @(posedge clk, negedge rstn)
23   begin
24       if(!rstn) // go to state s0 if reset
25           state <= s0;
26       else // otherwise update the states
27           begin
28               case(state)
29               s0：
30                   if(data_in)
31                       state <= s1;
32                   else
33                       state <= s0;
```

圖 5.5　摩爾狀態機 Verilog 程式碼範例

```
34            s1：
35                if(data_in)
36                    state <= s2;
37                else
38                    state <= s1;
39            s2：
40                if(data_in)
41                    state <= s3;
42                else
43                    state <= s2;
44            s3：
45                if(data_in)
46                    state <= s0;
47                else
48                    state <= s3;
49            endcase
50        end
51 end
52
53 // Output depends solely on the current state
54 always @(state)
55 begin
56   case(state)
57     s0： data_out <= 2'b00;
58     s1： data_out <= 2'b01;
59     s2： data_out <= 2'b10;
60     s3： data_out <= 2'b11;
61   endcase
62 end
```

圖 5.5　摩爾狀態機 Verilog 程式碼範例(續)

　　依照狀態機類型的定義，在上一小節讀者所實作 LED 跑馬燈電路若運用狀態機實現的話則屬於摩爾狀態機，其特徵為輸出必須等待每次時脈訊號上升時輸出才會改變，參照圖 5.6 摩爾狀態機反覆跑馬燈範例，宣告了一個狀態機類別有 S0 至 S14 共 15 個狀態當 State 有任何變化時，依據 State 內的狀態來決定 8 位元 output 輸出的內容，可以發現其輸出內容依序從左到右，然後右到左的不同位置，位元輸出為 1 時造成跑馬燈的效果。

```verilog
1    `timescale 1ns / 10ps
2    module Top_Led(
3        input sys_clk_in,
4        input sys_rst_n,
5        output [7:0] led
6    );
7
8    wire clk, rstn;
9    reg [7:0] led_show = 8'b00000001;
10   assign rstn = sys_rst_n;
11   assign led = led_show;
12
13   localparam [3:0] // 15 states
14   s0 = 0, s1 = 1, s2 = 2, s3 = 3,
15   s4 = 4, s5 = 5, s6 = 6, s7 = 7,
16   s8 = 8, s9 = 9, s10 = 10, s11 = 11,
17   s12 = 12, s13 = 13, s14 = 14;
18
19   reg[3:0] state;
20
21   Divider_Clock #(
22       .Custom_Outputclk_0(),
23       .Custom_Outputclk_1(),
24       .Custom_Outputclk_2()
25   )u_Divider_Clock(
26       .clkin(sys_clk_in),
```

圖 5.6　摩爾狀態機跑馬燈 Verilog 程式碼

```verilog
27          .rst_n(sys_rst_n),
28          .clkout_1K(),
29          .clkout_100(),
30          .clkout_10(),
31          .clkout_1(clk),
32          .clkout_Custom_0(),
33          .clkout_Custom_1(),
34          .clkout_Custom_2()
35      );
36
37  //Logic to advance to the next state
38  always @(posedge clk, negedge rstn)
39  begin
40      if(!rstn) // go to state s0 if reset
41          state <= s0;
42      else // otherwise update the states
43          begin
44              case(state)
45                  s0 : state <= s1;
46                  s1 : state <= s2;
47                  s2 : state <= s3;
48                  s3 : state <= s4;
49                  s4 : state <= s5;
50                  s5 : state <= s6;
51                  s6 : state <= s7;
52                  s7 : state <= s8;
53                  s8 : state <= s9;
54                  s9 : state <= s10;
55                  s10 : state <= s11;
56                  s11 : state <= s12;
57                  s12 : state <= s13;
58                  s13 : state <= s14;
59                  s14 : state <= s0;
```

圖 5.6　摩爾狀態機跑馬燈 Verilog 程式碼(續)

```verilog
60              default : state <= s0;
61          endcase
62      end
    end


    // Output depends solely on the current state
    always @(state)
    begin
      case(state)
          s0 : led_show <=  8'b00000001;
          s1 : led_show <=  8'b00000010;
          s2 : led_show <=  8'b00000100;
          s3 : led_show <=  8'b00001000;
          s4 : led_show <=  8'b00010000;
          s5 : led_show <=  8'b00100000;
          s6 : led_show <=  8'b01000000;
          s7 : led_show <=  8'b10000000;
          s8 : led_show <=  8'b01000000;
          s9 : led_show <=  8'b00100000;
          s10 : led_show <=  8'b00010000;
          s11 : led_show <=  8'b00001000;
          s12 : led_show <=  8'b00000100;
          s13 : led_show <=  8'b00000010;
          s14 : led_show <=  8'b00000001;
      endcase
    end


    endmodule
```

圖 5.6　摩爾狀態機跑馬燈 Verilog 程式碼(續)

5-2　七段顯示器設計

　　接下來讀者會學習如何利用計數器與除頻器來於七段顯示器上顯示從 000 至 999 之計數功能，需注意到 EGO1 上的七段顯示器為共陰極，故輸出為 0 時會顯示結果。

5.2.1　電路圖編輯七段顯示器

七段顯示器設計程序如下：

1. 於 "Quick Start" 視窗內，點選 "Create Project"，其步驟與 1.3.1 章節相同。

2. 於 "PROJECT MANAGER" 視窗內點選 "Add sources"，加入 Top_Seg7.v、Divider_Clock.v、Seg_Display.v 與 hex_seg7.v。用來放置所需要之 Verilog 檔。

3. 完成後在 "sources" 視窗中點選 Hierarchy，將 Top_Seg7.v 點開，即可發現程式碼已經完成，如圖 5.7 所示，讀者可直接進行編譯。

```verilog
module Top(
    input sys_clk_in,
    input sys_rst_n,
    output [7:0] seg_cs,
    output [7:0] seg_data_0,
    output [7:0] seg_data_1
);

wire clkout_1HZ;
wire clkout_1kHZ;
wire [3:0] CountNumber;

Divider_Clock #(
    .Custom_Outputclk_0(),
    .Custom_Outputclk_1(),
    .Custom_Outputclk_2()
)u_Divider_Clock(
    .clkin(sys_clk_in),
    .rst_n(sys_rst_n),
```

圖 5.7　Top_Seg7 之 Verilog 程式碼

```verilog
20          .clkout_1K(clkout_1kHZ),
21          .clkout_100(),
22          .clkout_10(),
23          .clkout_1(clkout_1HZ),
24          .clkout_Custom_0(),
25          .clkout_Custom_1(),
26          .clkout_Custom_2()
27      );
28
29      reg [15:0] Data;
30
31      always@(posedge clkout_1HZ or negedge sys_rst_n)begin
32          if(!sys_rst_n)
33              Data <= 0;
34          else begin
35              if(Data == 999)
36                  Data <= 0;
37              else
38                  Data <= Data + 1;
39          end
40      end
41
42      Seg_Display u_Seg_Display(
43          .Scan_clk(clkout_1kHZ),
44          .clk(clkout_1kHZ),
45          .rts(sys_rst_n),
46          .Data(Data),
47          .Seg7_show(seg_cs),
48          .seg_data_0(seg_data_0),
49          .seg_data_1(seg_data_1)
50      );
51  endmodule
```

圖 5.7　Top_ Seg7 之 Verilog 程式碼(續)

　　七段顯示器之接線方式如圖 5.8 所示，分別從高位元至低位元為 p, g, f, e, d ,c ,b, a，而這邊 p 點(point)因為目前計數器沒有運到，故被設為 1。因為此七段顯示器為共陰極，所以圖 5.10 的 hex_seg7 程式碼第 8 行，當輸入 hex 為 5'b00001 時，輸出 seg_data 則為 "8'b1111_1001" 對照圖 5.8 所示 p, g, f, e, d ,c ,b, a 的位置，我們可以發現只有 b,c 為低電位，故七段顯示器上輸出的數字為 "1"，其他數字可以此類推。最後，結合計數器之七段顯示器電路及接線，如圖 5.12 所示。

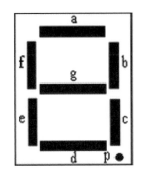

圖 5.8　七段顯示器接線方式

　　由於 EGO1 開發版受限於 Aritex 7 晶片腳位數量，7 段顯示器外還有一個選擇器晶片減少使用 FPGA 腳位直接控制 8 個七段顯示器，如圖 5.9 模組 Seg_display 左半邊 4 個七段顯示器內容由第 8 行 seg_data_1 控制，右半邊 4 個七段顯示器內容由第 7 行 seg_data_0 控制，而目前要更新哪一個七段顯示器內容則由第 6 行 Seg7_show 控制。第 21 行至 78 行由 Scan_clk 輸入 1kHz 速度更新 8 個七段顯示器內容，當重置訊號 rstn 為 0 則 Seg7_show 顯示器輸出為 255，並把 state 狀態歸 0，否則每次 Scan_clk 上升則狀態加 1，並把第 80 行到 86 行 Data 計數器輸入所轉換為 Number0 個位、Number1 十位、Number2 百位與、Number3 千位的值對應到七段顯示器上，分別是狀態 0、1、2 與狀態 3。在這裡需要注意 Seg7_show <= 8'b1000_0000，指的是右邊第 1 個七段顯示器，而 Seg7_show <= 8'b0000_0001 指的是左邊第 1 個七段顯示器。

```verilog
1   module Seg_Display(
2        input Scan_clk,
3        input clk,
4        input rtsn,
5        input [15:0] Data,
6        output reg [7:0] Seg7_show,
7        output    [7:0] seg_data_0,
8        output    [7:0] seg_data_1
9      );
10
11     reg [2:0] state ;
12     reg [4:0] number;
13
14     parameter Symbol = 5'b1_0000 ;
15     reg [3:0] Number3 ;
16     reg [3:0] Number2 ;
17     reg [3:0] Number1 ;
18     reg [3:0] Number0 ;
19
20     always@(posedge Scan_clk or negedge rtsn)begin
21        if(!rtsn) begin
22           Seg7_show <= 8'b11111111;
23           state <= 0;
24        end else begin
25           if(state < 8)
26              state <= state + 1;
27           else
28              state = 0;
29           case(state)
30              4'd0 :
31                 begin
32                    Seg7_show <= 8'b1000_0000;
33                    number <= {0,Number0};
```

圖 5.9 Seg_Display 之 Verilog 程式碼

```
34              end
35          4'd1 :
36              begin
37                  Seg7_show <= 8'b0100_0000;
38                  number <= {0,Number1};
39              end
40          4'd2 :
41              begin
42                  Seg7_show <= 8'b0010_0000;
43                  number <= {0,Number2};
44              end
45          4'd3 :
46              begin
47                  Seg7_show <= 8'b0001_0000;
48                  number <= {0,Number3};
49              end
50          4'd4 :
51              begin
52                  Seg7_show <= 8'b0000_1000;
53                  number <= Symbol;
54              end
55          4'd5 :
56              begin
57                  Seg7_show <= 8'b0000_0100;
58                  number <= Symbol;
59              end
60          4'd6 :
61              begin
62                  Seg7_show <= 8'b000_0010;
63                  number <= Symbol;
64              end
65          4'd7 :
66              begin
```

圖 5.9　Seg_Display 之 Verilog 程式碼(續)

```
67                        Seg7_show <= 8'b000_0001;
68                        number <= Symbol;
69                    end
70                default：
71                    begin
72                        Seg7_show <= 8'b11111111;
73                        number <= 0;
74                    end
75            endcase
76        end
77    end
78
79    always@(Data)begin
80        Number3 = 4'b0000;
81        Number2 = Data/100;
82        Number1 = (Data - (Data/100)*100)/10;
83        Number0 = Data - ((Data/100)*100) - (((Data -
84  (Data/100)*100)/10)*10);
85    end
86
87    hex_seg7 u2(
88        .hex(number),
89        .seg_data(seg_data_0)
90    );
91    hex_seg7 u3(
92        .hex(number),
93        .seg_data(seg_data_1)
94    );
95
96  endmodule
```

圖 5.9 Seg_Display 之 Verilog 程式碼(續)

```verilog
 1  module hex_seg7 (hex,seg_data);
 2    input [4:0] hex;
 3    output reg [7:0] seg_data;
 4
 5    always@ (hex)begin
 6      case (hex)
 7          5'b0_0000 : seg_data = ~(8'b1100_0000);
 8          5'b0_0001 : seg_data = ~(8'b1111_1001);
 9          5'b0_0010 : seg_data = ~(8'b1010_0100);
10          5'b0_0011 : seg_data = ~(8'b1011_0000);
11          5'b0_0100 : seg_data = ~(8'b1001_1001);
12          5'b0_0101 : seg_data = ~(8'b1001_0010);
13          5'b0_0110 : seg_data = ~(8'b1000_0010);
14          5'b0_0111 : seg_data = ~(8'b1111_1000);
15          5'b0_1000 : seg_data = ~(8'b1000_0000);
16          5'b0_1001 : seg_data = ~(8'b1001_0000);
17          5'b0_1010 : seg_data = ~(8'b1000_1000);
18          5'b0_1011 : seg_data = ~(8'b1000_0011);
19          5'b0_1100 : seg_data = ~(8'b1100_0110);
20          5'b0_1101 : seg_data = ~(8'b1010_0001);
21          5'b0_1110 : seg_data = ~(8'b1000_0110);
22          5'b0_1111 : seg_data = ~(8'b1000_1110);
23          default : seg_data = ~(8'b1011_1111);
24      endcase
25    end
26  endmodule
```

圖 5.10　hex_seg7 之 Verilog 程式碼

5.2.2 七段顯示器實作

燒錄完成時，數 999 計數器開始計數，並顯示在圖 5.11 的 4 個七段顯示器上，如圖 5.12 所示為七段顯示器的電路圖。

圖 5.11 七段顯示器實驗結果圖

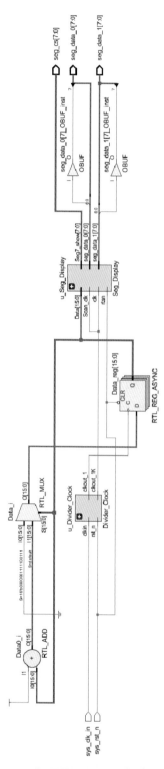

圖 5.12　七段顯示器之電路圖

5-3　按鈕開關(KEY)設計

在 EGO1 上控制按鈕輸入是一個很簡單的設計，但卻又最常使用到，幾乎每個專案都會將重置訊號 rstn 接到 KEY[0]。除此之外，由於 EGO1 開發板的按鈕已經內建好除彈跳電路，故讀者不需再對開發板上的按鈕設計除彈跳功能。在此為讀者介紹一簡單之按鈕開關控制 LED 動作。

5.3.1　電路圖編輯按鈕開關

按鈕開關設計程序如下：

1.　於"Quick Start"視窗內，點選"Create Project"，其步驟與 1.3.1 章節相同。

2.　於"PROJECT MANAGER"視窗內點選" Add sources"，加入 Top_ BTN.v、Divider_Clock.v、push_count.v、push_debtn.v 與 push_detect.v。用來放置所需要之 Verilog 檔。

3.　完成後在"sources"視窗中點選 Hierarchy，將 Top_ BTN.v 點開，即可發現程式碼已經完成，如圖 5.13 所示，讀者可直接進行編譯。

```
1    `timescale 1ns / 10ps
2
3    module Top_BTN(
4          input sys_clk_in,
5          input sys_rst_n,
6          input [4:0] btn,
7          output [15:0] led
8       );
9
10      wire clk, clk_10, clk_100, rstn;
11      wire [4:0] btn_r;
12      reg [4:0] flag;
13
14      assign rstn = sys_rst_n;
15      assign led[4:0] = flag[4:0];
```

圖 5.13　按鈕開關之 Verilog 程式碼(續)

```verilog
16      assign led[12:8] = btn[4:0];
17
18      Divider_Clock #(
19          .Custom_Outputclk_0(),
20          .Custom_Outputclk_1(),
21          .Custom_Outputclk_2()
22      )u_Divider_Clock(
23          .clkin(sys_clk_in),
24          .rst_n(sys_rst_n),
25          .clkout_1K(),
26          .clkout_100(clk_100),
27          .clkout_10(clk_10),
28          .clkout_1(),
29          .clkout_Custom_0(),
30          .clkout_Custom_1(),
31          .clkout_Custom_2()
32      );
33
34      // Debounce and lock the btn for 0.5 sec
35      push_debtn uut_debtn (clk_10, clk_100, rstn, btn, btn_r);
36
37      //recoder the key1 as flag input@100hz
38      always@(posedge clk_100 or negedge rstn)
39      begin
40          if(!rstn)
41              begin
42                  flag = 0;
43              end
44          else
45              begin
46                  if (btn_r[0] == 1'b1) // key0
47                      begin
48                          flag[0] = !flag[0];
```

圖 5.13　按鈕開關之 Verilog 程式碼(續)

```
49                      end
50
51              if (btn_r[1] == 1'b1) // key1
52                  begin
53                      flag[1] = !flag[1];
54                  end
55
56              if (btn_r[2] == 1'b1) // key2
57                  begin
58                      flag[2] = !flag[2];
59                  end
60
61              if (btn_r[3] == 1'b1) // key3
62                  begin
63                      flag[3] = !flag[3];
64                  end
65
66              if (btn_r[4] == 1'b1) // key4
67                  begin
68                      flag[4] = !flag[4];
69                  end
70          end
71      end
72
73  endmodule
```

圖 5.13　按鈕開關之 Verilog 程式碼(續)

　　在此使用了 5 個按鈕開關、8 個 LED 與七段顯示器來做簡單的控制。完成編譯燒入後，讀者應可由不同的按鈕開關控制不同的 LED，而按鈕開關電路圖如圖 5.14 所示。

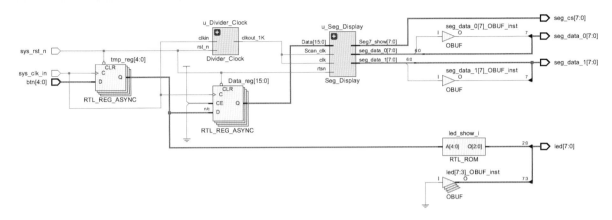

圖 5.14　按鈕開關電路圖

5-4　指撥器控制 LED

　　最後關於 EGO1 開發板指撥器 IO 控制，開發板上面有一組 8 位元輸入 DIP 指撥開關與一組 8 位元輸入 Switch 指撥開關輸入，這裡我們以最簡單的例子解釋指撥器使用方法，直接對每個指撥器輸入結果將會直接對應至 Led 燈號，在此為讀者介紹一簡單之按鈕開關控制 LED 動作。

1.　於"Quick Start"視窗內，點選"Create Project"，其步驟與 1.3.1 章節相同。

2.　於"PROJECT MANAGER"視窗內點選" Add sources"，加入 Top_sw.v 與 switch_gpio.v。用來放置所需要之 Verilog 檔。

3.　完成後在"sources"視窗，將 switch_gpio.v 點開，即可發現程式碼已經完成，如圖 5.15 所示，讀者可直接進行編譯。

　　在此使用了 16 個按鈕開關、16 個 LED 與來做簡單的控制。完成編譯燒入後，讀者應可由每一個指撥器對應各自的 LED，而指撥器程式碼如圖 5.15 所示，需要注意到第八行使用 Concat 連接語法，將 DIP 指撥開關 8 位元輸入與 Switch 指撥開關 8 位元輸入先合併為 16 位元後再指向 Led 輸出。

```
1   module Top(
2        input sys_clk_in,
3        input sys_rst_n,
4        input [7:0] sw,
```

```
5        input [7:0] dip_pin,
6        output [15:0] led
7        );
8
9
10    switch_gpio u1 (sw, dip_pin, led);
11
12
13  endmodule
```

```
1   `timescale 1ns / 1ps
2
3   module switch_gpio(sw_pin,dip_pin,led_pin);
4
5   input [7:0] sw_pin,dip_pin;
6   output [15:0] led_pin;
7
8   assign led_pin={dip_pin,sw_pin};
9
10
11  endmodule
```

圖 5.15　指撥器開關程式碼

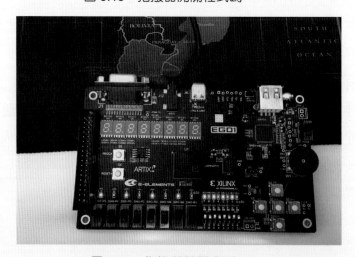

圖 5.16　指撥器開關實測

5-5　練習題

5.5.1　跑馬燈 1

請依照模擬流程同 5.1 章節圖 5.6 步驟，使用 Swo 切換 2 種速度，並以 Verilog 實現 EGO1 上實現不同速度反覆跑馬燈設計。

5.5.2　跑馬燈 2

接上題，完成圖 5.6 步驟，參考第 5.2 與 5.3 章節，增加 KEY[0]為 Reset 重置與 KEY[1]為 Pasue 暫停功能，並將目前計數到 8 個 LED 的位置輸出至七段顯示器之上。

5.5.3　七段顯示器

請設計兩組 0000 到 0999 計數器分別對應到左右兩邊 4 個七段顯示器，左邊 4 組七段顯示器計數速度為 1Hz，右組七段顯示器計數速度為 10Hz。

Chapter 6

轉換器

本章節介紹如何以 EGO1 開發板控制 XADC 類比/數位轉換器與 DAC0832 數位類比轉換器。類比/數位轉換器可將輸入之類比訊號經由內部轉換輸出數位訊號供給其他元件使用，或直接回傳給 EGO1 開發版，欲使用類比/數位轉換器，需以狀態機控制 XADC 模組控制訊號之高、低準位，以達到轉換之功能。

6.1.1 類比/數位轉換器 ADC 介紹

類比/數位轉換器(Analog-to-Digital Converter，ADC)是用於將類比形式的連續訊號轉換為數位形式的離散訊號的一類設備。一個類比/數位轉換器可以提供訊號用於測量，與之相對的設備成為數位/類比轉換器。典型的類比/數位轉換器將類比訊號轉換為表示一定比例電壓值的數位訊號。本節介紹以數位邏輯實習課程中常見到的 ADC0804 控制類比/數位轉換器開始位讀者檢視 ADC 其原理。

目前市面上有許多不同類型的 ADC 類比/數位轉換器以及 DAC 數位類比轉換器。雖然彼此的架構有所不同，但最終作用非常類似。類比/數位轉換器可將輸入之類比訊號經由內部轉換輸出數位訊號供給其他元件使用，或直接回傳給實習開發板。決定一個 ADC/DAC 轉換器性能可以從兩個規格來看：「**解析度**」與「**取樣率**」。

因為 ADC 元件會將類比訊號轉換成二進位碼，所以離散步階的數量是有限的，以 ADC0804 為例解析度位元長度為 8 位元，若電源電壓為 5V，則有 256 階。判斷解析度時會使用 2^n 這個方程式，n 是位元數。2^8 表示我們會獲得 256 階，使用 256 階搭配 5V 電源，表示每一階是 19.53 mV。如圖 6.1 所示，解析度位元數量會影響其階梯形的曲線，越多則越接近線性曲線，反之則接近梯形。

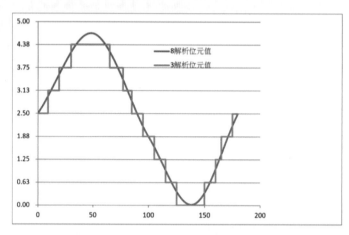

圖 6.1　8 位元與 3 位元解析度比較

　　另一方面，ADC0804 晶片具有 10 kHz 取樣率，因此每秒能夠對輸入端的類比電壓進行 10,000 次取樣。每秒能進行如此多次取樣，因此此元件能使用二進位表述來準確記錄類比電壓的情況。ADC 的取樣率有時候不夠高，難以精確重現輸入訊號而導致混疊。在此情況下，訊號之間會開始變得無法判別，或彼此混疊。這就像有一台攝影機，每秒只能拍攝 30 個畫格。對大部份應用來說，這樣的規格已經夠用；但若要觀看超快速度移動的畫面，就會發現影像失真。使用 ADC 時，也會發生相同的情況。為了避免此情況，必須確保取樣率比需要傳輸的最高頻率高出至少兩倍。這個比例稱為奈奎斯特速率 Nyquist Frequency。ADC0804 晶片是實習課中最普遍被使用到的 8 位元類比轉數位 ADC 晶片，表 6.1 為其詳細規格。

表 6.1　ADC0804 規格

工作電壓	5V
類比電壓輸入	0~5V
參考電壓(空接)	2.5V
參考電壓	可自行設定
轉換時間	100us
讀取時間	135ns
解析度	8 位元
取樣率	10kHz
誤差	±1LSB

圖 6.1 為 8 位元 ADC0804 的 datasheet 腳位配置圖示，其功能則如表 6.2 所示。

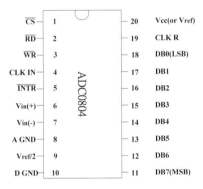

圖 6.2　ADC0804

（ADC0804 8-Bit μP Compatible A/D Converters,1999 National Semiconductor Corporation）

表 6.2　ADC0804 腳位功能

腳位代號	腳位名稱	功能	腳位代號	腳位名稱	功能
1	$\overline{CS}$	晶片致能	8	AGND	類比電壓接地端
2	$\overline{RD}$	讀取致能	9	VREF	參考電壓輸入端
3	$\overline{WR}$	轉換控制訊號	10	GND	ADC0804 正電源
4	CLK	轉換時脈輸入端	11~18	DB7~DB0	資料匯流排
5	$\overline{INTR}$	中斷要求輸出端	19	CLKR	轉換時脈反相輸出端
6~7	Vl+/Vl-	類比訊號輸入端	20	VCC	ADC0804 負電源

此晶片為 8 位元之類比/數位轉換器，其轉換位階為 00H 至 FFH 共 256 個位階，每一位階的電壓為：$\dfrac{V_{REF}*2}{256}$ 而類比電壓與數位關係為 $(DB0 \sim DB7) = \dfrac{(V_+ - V_-)*256}{V_{REF}*2}$ 。

6.1.2 ADC0804 動作順序

依據 ADC0804 的 datasheet，一開始 $\overline{CS}$ 、$\overline{RD}$ 及 $\overline{WR}$ 腳位要先給予高準位，之後須將 $\overline{CS}$ 腳位改變為低準位來啟動 ADC 晶片，等待一小段時間之後，$\overline{WR}$ 腳位也要給予低準位用來啟動 ADC0804 轉換功能，等待 $\overline{INTR}$ 變為高準位，接著再依序將 $\overline{WR}$ 腳位及 $\overline{CS}$ 腳位恢復為高準位，當 ADC0804 的 $\overline{INTR}$ 腳位輸出為低準位時表示該 ADC 晶片啟動程序完成。此過程為啟動 ADC0804 轉換之必要步驟，如圖 6.3 所示為啟動 ADC0804 轉換時序為 ADC0804 的啟動週期波形。

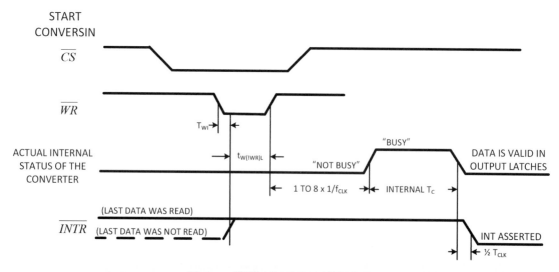

圖 6.3　啟動 ADC0804 轉換時序

（ADC0804 8-Bit μP Compatible ADC DataSheet,1999 National Semiconductor Corporation）

啟動完成後接下來要讀取 ADC0804 轉換出來之數位資料，當 INTR 腳位輸出為高準位此時表示 ADC0804 目前為可以接受讀取的狀態，首先我們須將 $\overline{CS}$ 腳位改變為低準位，接著 $\overline{RD}$ 腳位也要改變為低準位啟動 ADC0804 的讀取功能，當 $\overline{INTR}$ 腳位輸出為高準位時，則表示匯流排輸出有效類比/數位轉換資料，最後依序把 $\overline{RD}$ 及 $\overline{CS}$ 腳位設定為高準位將讀取周期結束掉，如圖 6.4 所示為 ADC0804 讀取資料時序的讀取週期波形。

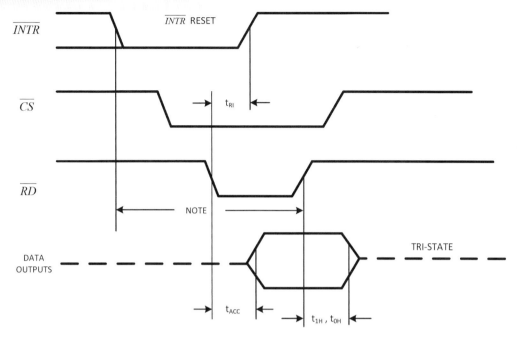

圖 6.4 ADC0804 讀取資料時序

（ADC0804 8-Bit μP Compatible ADC Converters,1999 National Semiconductor Corporation）

6-2 Xilinx XADC 類比/數位轉換器

目前 7 系列 Xilinx 開發版都有內建實體混合模擬訊號 XADC 模組，具有實際的硬體模組，此模組可以透過 JTAG 和 DRP 端口存取 FPGA 中的 XADC 狀態和暫存器。ZYNQ 系列則額外支援 PS-XADC 介面，可以讓 PS 端軟體直接透過 ARM 處理器存取 XADC 硬體模組，可滿足各種類比數據採集和監控要求。本小節以 Verilog 程式碼介紹如何透過 DRP 端口存取 Artix 7 FPGA 中的 XADC 狀態與暫存器。Xilinx 7 系列 XADC 實體混合模擬訊號 XADC 硬體模組具有以下 5 點特色：

1. Dual 12-bit 1 MSPS analog-to-digital converters (ADCs)

2. Up to 17 flexible and user-configurable analog inputs

3. On-chip or external reference option

4. On-chip temperature and power supply sensors

5. JTAG access to ADC measurements

如圖 6.5 所示為 XADC 的讀取資料時序圖，當 DEN 為輸入 1 時，獲得 DRP 埠 (Dynamic Reconfiguration Port) address 和寫入置能(DWE)輸入在下一個 DCLK 正源觸發時。

讀取操作：

如果 DWE 是輸入 0 時，表示 DRP 埠執行讀取動作。當 DRDY 為輸出 1 時，表示 DRP 埠讀到的數據輸出到 DO[15：0]匯流排且有效，DO 匯流排位元長度為 16 位元。

寫入操作：

如果 DWE 是輸入 1 時，表示 DRP 埠正在執行寫入動作。因此 DADDR[15：0]和 DI[15：0]匯流排輸入會在下一個 DCLK 正源觸發時寫入 DRP 埠暫存器，DADDR 與 DI 匯流排位元長度為 16 位元。完成寫入動作後，則 DRDY 輸出邏輯變成 1。在 DRDY 信號變為邏輯 1 前，不能執行任何其他讀取操作或寫入操作。

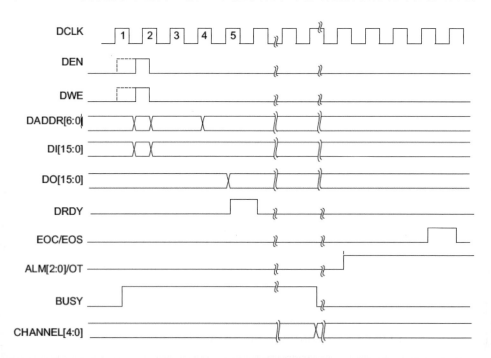

圖 6.5　XADC 讀取資料時序

(XADC UG480 Manual, 2014 Xilinx corporation)

圖 6.6 及圖 6.7 分別為 XADC 類比/數位轉換器的範例示意圖及電路圖，其設計程序如下：

1. 於 "Quick Start" 視窗內，點選 "Create Project"，其步驟與 1.3.1 章節相同。

2. 於 "PROJECT MANAGER" 視窗內點選 "Add sources"，加入 Top_XADC.v 、ug480.v、Seg_Display.v、Divider_Clock.v 與 hex_seg7.v。用來放置所需要之 Verilog 檔。

3. 完成後在 "sources" 視窗中點選 Hierarchy，將 Top_XADC.v 點開，即可發現程式碼已經完成，如圖 6.8 所示，讀者可直接進行編譯。

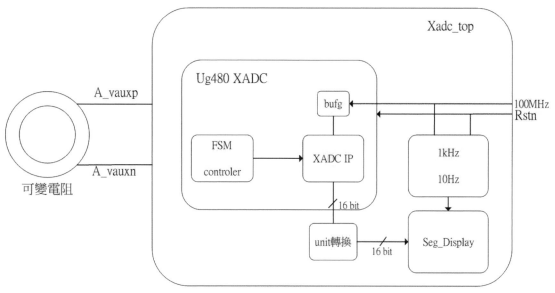

圖 6.6　XADC 類比/數位轉換器範例示意圖

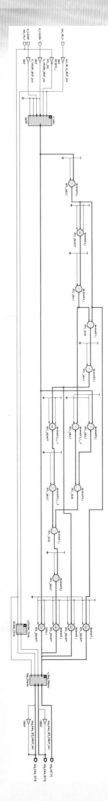

圖 6.7　XADC 類比/數位轉換器範例電路圖

　　首先除頻至 1kHz 與 10Hz 給予七段顯示其模組使用，再把 100MHz 輸入至 ug480 模組經過 1 個 buf 緩衝後給 XADC 模塊使用，可電阻端輸入的 A_VAUXP 與 A_VAUXN 電流訊號後會直接輸入至 XADC 模塊做 ADC 轉換，在圖 6.8 xadc_top 程式碼中，第 21 至 43 行為 ug480 XADC 模組宣告，第 34 行為此範例 ADC 轉換後的輸出結果，其中 MEASURED_AUX 為 12 位元有效轉換內容，接續在程式碼第 45 至 52 行執行 Units 轉換，首先將 Units 取整數，所求出的值直接利用 MEASURED_AUX[15：4]除以 4096 得到，這是因為 XADC 模組的位元解析度是 12 位元，因此 2^{12} 為 4096。decimal1 取得小數點後第一位數值，對此數值乘以 10，拉高小數點後第一位數值到個位數，再除以 4096 得到。Decimal2 取得小數點後第二位數值，對此數值先乘以 10 後再減掉 decimal1，再把原小數點後第一位數值拉高到個位數後減掉目前小數點後第一位的數值，最後乘以 10 把小數點後第二位拉高到個位數，再除以 4096。decimal3 取得小數點後第三位數值，同理，拉高數據成十位數，再依序減掉小數點後第一位及第二位數值後，乘以 10 並除以 4096 得到最終數值。

```
1   `timescale 1ns / 1ps
2   module xadc_top(
3       input sys_clk_in,
4       input sys_rst_n,
5       output [7：0] seg_cs,
6       output [7：0] seg_data_0,
7       output [7：0] seg_data_1,
8       input A_VAUXP,A_VAUXN
9   );
10
11      wire [15：0] MEASURED_AUX_A, MEASURED_AUX;
12      wire clkout_1kHZ;
13
14      Divider_Clock u_Divider_Clock(
15          .clkin(sys_clk_in),
16          .rst_n(sys_rst_n),
```

圖 6.8　xadc_top 程式碼

```
17          .clkout_1K(clkout_1kHZ),

18          .clkout_10()

19      );

20

21      ug480 u_xadc(

22          .DCLK(sys_clk_in),

23          .RESET(!sys_rst_n),

24          .VAUXP({2'b0,A_VAUXP,1'b0}),

25          .VAUXN({2'b0,A_VAUXN,1'b0}),

26          .VP(),

27          .VN(),

28

29          .MEASURED_TEMP(),

30          .MEASURED_VCCINT(),

31          .MEASURED_VCCAUX(),

32          .MEASURED_VCCBRAM(),

33          .MEASURED_AUX0(),

34          .MEASURED_AUX1(MEASURED_AUX_A),

35          .MEASURED_AUX2(),

36          .MEASURED_AUX3(),

37

38          .ALM(),

39          .CHANNEL(),

40          .OT(),

41          .EOC(),

42          .EOS()

43      );

44

45      wire[3：0] Units,decimal1 ,decimal2,decimal3;

46      assign Units = MEASURED_AUX[15：4]/4096;

47      assign decimal1 = MEASURED_AUX[15：4]*10/4096;

48      assign decimal2 = (MEASURED_AUX[15：4]*10 - (MEASURED_AUX[15：

49  4]*10/4096*4096))*10/4096;
```

圖 6.8   xadc_top 程式碼(續)

```
50    assign decimal3 = (MEASURED_AUX[15：4]*100 - (MEASURED_AUX[15：
51  4]*10/4096)*4096*10 - ( (MEASURED_AUX[15：4]*10 - (MEASURED_AUX[15：
52  4]*10/4096*4096))*10/4096)*4096)*10/4096;
53
54    Seg_Display u_Seg_Display(
55        .Scan_clk(clkout_1kHZ),
56        .clk(),
57        .rts(sys_rst_n),
58        .Data({Units,decimal1,decimal2,decimal3}),
59        .SEG_show(seg_cs),
60        .seg_data_0(seg_data_0),
61        .seg_data_1(seg_data_1)
62    );
63
64    assign MEASURED_AUX =MEASURED_AUX_A;
65
66  endmodule
```

圖 6.8　xadc_top 程式碼(續)

　　ug480的狀態機描述行為是米利狀態機，因此當每次輸入時脈上升，狀態機會跳至下一個狀態，根據之前所提到關於 XADC 啟動與讀取的操作波形，圖 6.9 為啟動讀取的狀態機示意圖，表 6.3 為每一個狀態所對應之輸入輸出腳位的設定值。

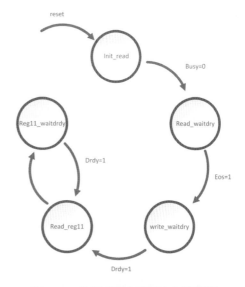

圖 6.9　啟動與讀取資料之狀態機

表 6.3　每個狀態之腳位準位

狀態	判別	下一狀態	di_drp	daddr	den_reg	dwe_reg
reset	-	init_read	16'h0000	7'h00	2'h0	2'h0
init_read	-	read_waitdrdy	-	7'h40	2'h2	2'h0
read_waitdrdy	Eos==1	Write_waitdrdy	do_drp & 16'h03FF	7'h40	2'h2	2'h2
read_waitdrdy	Eos==0	read_waitdrdy	-	7'h40	1'b0, den_reg[1]	1'b0,den_reg[1]
Write_waitdrdy	drdy==1	read_reg11	-	-	-	-
Write_waitdrdy	drdy==0	Write_waitdrdy	-	-	1'b0, den_reg[1]	1'b0,den_reg[1]
read_reg11	-	reg11_waitdrdy	-	7'h11	2'h2	-
reg11_waitdrdy	drdy==1	read_reg11	-	-	-	-
reg11_waitdrdy	drdy==0	reg11_waitdrdy	-	-	1'b0, den_reg[1]	1'b0,den_reg[1]

圖 6.10 的 ug480 模組程式碼為參考 Xilinx 原廠設計 ug480 範例簡化而來，此實體混合模擬訊號 XADC 模組實際支援 8 通道輸出，分別對應到 XADC 暫存器 reg01、reg01、reg02、reg06、reg10、reg11、reg12、reg13，由於 6.2 範例只有 reg11 對應到 EGO1 開發板的可變電阻旋鈕，故將本範例簡化為只讀取 reg11 暫存器，詳情請參照 ug480_full.v 檔案。

狀態機 Reset 後會重置到 init_read 狀態，經過 init_read 到 write_waitdry 為 XADC 初始化，之後跳到 read_reg11 讀取 7'h11 的暫存器，等 Drdy 為 1 時將可變電阻 ADC 的輸出結果儲存到 MEASURED_AUX1，最後再跳回 read_reg 重複輸出可變電阻結果。圖 6.11 為合成電路圖。

```
1    //modification from xilinx UG480 refereence works
2    //only effect for MEASURED_AUX1 at EGO A7
3
4    `timescale 1ns / 1ps
5    module ug480 (
6        input DCLK, // Clock input for DRP
7        input RESET,
8        input [3:0] VAUXP, VAUXN,  // Auxiliary analog channel inputs
9        input VP, VN,// Dedicated and Hardwired Analog Input Pair
10
11       output reg [15:0] MEASURED_TEMP, MEASURED_VCCINT,
12       output reg [15:0] MEASURED_VCCAUX, MEASURED_VCCBRAM,
13       output reg [15:0] MEASURED_AUX0, MEASURED_AUX1,
14       output reg [15:0] MEASURED_AUX2, MEASURED_AUX3,
15
16       output wire [7:0] ALM,
17       output wire [4:0]  CHANNEL,
18       output wire        OT,
19       output wire        EOC,
20       output wire        EOS
21       );
22
23       wire busy;
24       wire [5:0] channel;
25       wire drdy;
26       wire eoc;
27       wire eos;
28       wire i2c_sclk_in;
29       wire i2c_sclk_ts;
30       wire i2c_sda_in;
31       wire i2c_sda_ts;
32
33
```

圖 6.10　ug480 程式碼

```
34    reg [6:0] daddr;
35    reg [15:0] di_drp;
36    wire [15:0] do_drp;
37    wire [15:0] vauxp_active;
38    wire [15:0] vauxn_active;
39    wire dclk_bufg;
40
41    reg [1:0]  den_reg;
42    reg [1:0]  dwe_reg;
43
44    reg [7:0]  state = init_read;
45    parameter  init_read       = 8'h00,
46               read_waitdrdy   = 8'h01,
47               write_waitdrdy  = 8'h03,
48               read_reg00      = 8'h04,
49               reg00_waitdrdy  = 8'h05,
50               read_reg11      = 8'h0e,
51               reg11_waitdrdy  = 8'h0f;
52
53    BUFG i_bufg (.I(DCLK), .O(dclk_bufg));
54
55    always @(posedge dclk_bufg)
56    if (RESET)
57       begin
58          state   <= init_read;
59          den_reg <= 2'h0;
60          dwe_reg <= 2'h0;
61          di_drp  <= 16'h0000;
62       end
63    else
64       case (state)
65       init_read :
66          begin
```

圖 6.10　ug480 程式碼(續)

```
67              daddr <= 7'h40;
68              den_reg <= 2'h2; // performing read
69              if (busy == 0 )
70                  state <= read_waitdrdy;
71          end
72
73      read_waitdrdy :
74          if (eos ==1)
75              begin
76                  di_drp <= do_drp  & 16'h03_FF; //Clearing AVG bits for
77 Configreg0
78                  daddr <= 7'h40;
79                  den_reg <= 2'h2;
80                  dwe_reg <= 2'h2; // performing write
81                  state <= write_waitdrdy;
82              end
83          else
84              begin
85                  den_reg <= { 1'b0, den_reg[1] } ;
86                  dwe_reg <= { 1'b0, dwe_reg[1] } ;
87                  state <= state;
88              end
89
90      write_waitdrdy :
91          if (drdy ==1)
92              state <= read_reg11;
93          else
94              begin
95                  den_reg <= { 1'b0, den_reg[1] } ;
96                  dwe_reg <= { 1'b0, dwe_reg[1] } ;
97                  state <= state;
98              end
99
```

圖 6.10   ug480 程式碼(續)

```
100        read_reg11 :
101           begin
102              daddr   <= 7'h11;
103              den_reg <= 2'h2; // performing read
104              state   <= reg11_waitdrdy;
105           end
106
107        reg11_waitdrdy :
108           if (drdy ==1)
109              begin
110                 MEASURED_AUX1 <= do_drp;
111                 state <= read_reg11;
112              end
113           else
114              begin
115                 den_reg <= { 1'b0, den_reg[1] } ;
116                 dwe_reg <= { 1'b0, dwe_reg[1] } ;
117                 state <= state;
118              end
119
120        default :
121           begin
122              daddr <= 7'h40;
123              den_reg <= 2'h2; // performing read
124              state <= init_read;
125           end
126        endcase
127
128   XADC #(// Initializing the XADC Control Registers
129      .INIT_40(16'h9000),// averaging of 16 selected for external
130 channels
131      .INIT_41(16'h2ef0),// Continuous Seq Mode, Disable unused ALMs,
132 Enable calibration
```

圖 6.10   ug480 程式碼(續)

```
133         .INIT_42(16'h0400),// Set DCLK divides
134         .INIT_48(16'h4701),// CHSEL1 - enable Temp VCCINT, VCCAUX,
135 VCCBRAM, and calibration
136         .INIT_49(16'h000f),// CHSEL2 - enable aux analog channels 0 -
137 3//00f0 8-11 channels
138         .INIT_4A(16'h0000),// SEQAVG1 disabled
139         .INIT_4B(16'h0000),// SEQAVG2 disabled
140         .INIT_4C(16'h0000),// SEQINMODE0
141         .INIT_4D(16'h0000),// SEQINMODE1
142         .INIT_4E(16'h0000),// SEQACQ0
143         .INIT_4F(16'h0000),// SEQACQ1
144         .INIT_50(16'hb5ed),// Temp upper alarm trigger 85c
145         .INIT_51(16'h5999),// Vccint upper alarm limit 1.05V
146         .INIT_52(16'hA147),// Vccaux upper alarm limit 1.89V
147         .INIT_53(16'hdddd),// OT upper alarm limit 125c - see Thermal
148 Management
149         .INIT_54(16'ha93a),// Temp lower alarm reset 60c
150         .INIT_55(16'h5111),// Vccint lower alarm limit 0.95V
151         .INIT_56(16'h91Eb),// Vccaux lower alarm limit 1.71V
152         .INIT_57(16'hae4e),// OT lower alarm reset 70c - see Thermal
153 Management
154         .INIT_58(16'h5999),// VCCBRAM upper alarm limit 1.05V
156         .SIM_MONITOR_FILE("design.txt")// Analog Stimulus file for
157 simulation
158     )
159   XADC_INST (// Connect up instance IO. See UG480 for port descriptions
160         .CONVST (1'b0),// not used
161         .CONVSTCLK  (1'b0), // not used
162         .DADDR  (daddr),
163         .DCLK    (dclk_bufg),
164         .DEN    (den_reg[0]),
165         .DI     (di_drp),
166         .DWE    (dwe_reg[0]),
```

圖 6.10　ug480 程式碼(續)

```verilog
167          .RESET   (RESET),
168          .VAUXN   (vauxn_active ),
169          .VAUXP   (vauxp_active ),
170          .ALM     (ALM),
171          .BUSY    (busy),
172          .CHANNEL(CHANNEL),
173          .DO      (do_drp),
174          .DRDY    (drdy),
175          .EOC     (eoc),
176          .EOS     (eos),
177          .JTAGBUSY   (),// not used
178          .JTAGLOCKED (),// not used
179          .JTAGMODIFIED   (),// not used
180          .OT      (OT),
181          .MUXADDR    (),// not used
182          .VP      (VP),
183          .VN      (VN)
184      );
185
186      assign vauxp_active = {12'h00, VAUXP[3:0]};
187      assign vauxn_active = {12'h00, VAUXN[3:0]};

         assign EOC = eoc;
         assign EOS = eos;

     endmodule
```

圖 6.10   ug480 程式碼(續)

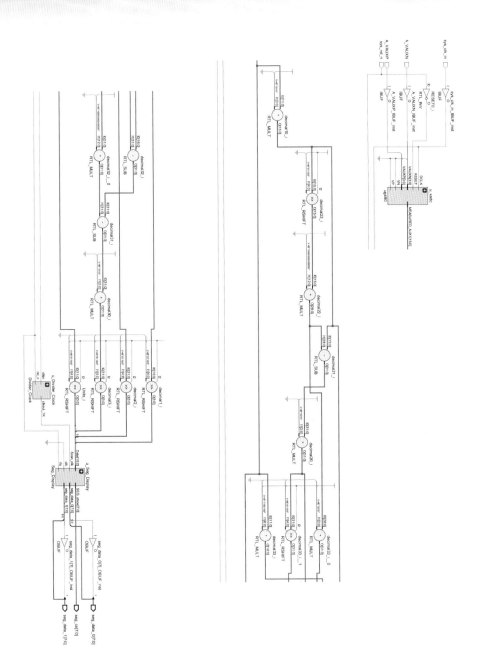

圖 6.11 合成電路圖

6.2.1 XADC 類比/數位轉換器實作

接下來請讀者將 XADC 以下圖 6.12 之方式測量 EGO1 的可變電阻的腳位量測，數位電錶所量測到的值會與開發板上的七段顯示器顯示內容相同。

圖 6.12　實際測量 EGO1 的 XADC 可變電阻電壓

6-3　數位/類比轉換器(DAC)

接下來位讀者介紹如何以 EGO1 開發板控制數位/類比轉換器(Digital Analog Converter，DAC)。數位/類比轉換器可將 EGO1 輸出的數位訊號經由內部轉換輸出類比訊號供給其他元件使用，欲使用數位/類比轉換器，需配合外部輸入電壓用以驅動 DAC IC，在這裡開發板上搭配的轉換晶片是 DAC0832。

6.3.1　DAC0832 介紹

本書所使用之 8 位元數位轉類比 DAC 的 IC 為一般常見之 DAC0832，表 6.4 為腳位功能。

表 6.4　DAC0832 規格

腳位代號	接腳名稱	功能
1	$\overline{CS}$	Chip Select：　此腳位與ILE搭配啟動WR1
2	$\overline{WR_1}$	低電壓時讀取DI腳位並輸入Latch，高電壓時Latch的數據被鎖存。要更新Latch必須再CS與WR1為低電位與ILE為高電位。
18	$\overline{WR_2}$	把Latch的數據傳送到DAC暫存器。由XFER搭配啟動。
3,10	GND	接地
4~7	DI3~DI0	數位訊號輸入端，LSB
13~16	DI7~DI4	數位訊號輸入端，MSB
8	Vref	參考電壓輸入。
9	Rfb	反饋電組。
11~12	I_{OUT1}, I_{OUT2}	DAC 電流輸出。
17	$\overline{XFER}$	Transfer Control Signal：啟動WR2用
19	ILE	Input Latch Enable ：此腳位與CS搭配啟動WR1
20	V_{CC}	數位電源電壓，輸入5V～15V。最佳輸入電壓為15V。

圖 6.13 為 8 位元 DAC0832 的腳位配置圖示，並且搭配 LM324M 放大器，而 LM324M 之腳位配置圖如圖 6.14 所示，並由表 6.5 說明其腳位功能。

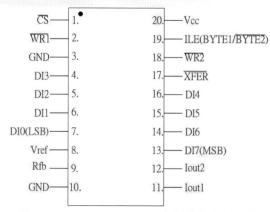

圖 6.13　DAC0832 8 位元數位類比轉換器

（DAC0832 8-Bit Digital-to-Analog Converters, 1999 National Semiconductor Corporation）

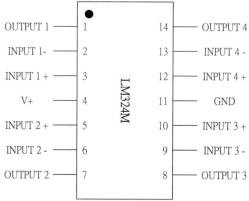

圖 6.14　LM324M 放大器

（LM324 Low-Power, Quad-Operational Amplifiers, 2000 National Semiconductor Corporation）

表 6.5　LM324M 規格

腳位		TYPE	描述	腳位		TYPE	描述
名稱	NO.			名稱	NO.		
OUTPUT 1	1	O	通道 1 輸出	OUTPUT 3	8	O	通道 3 輸出
INPUT 1-	2	I	通道 1 反向輸入	INPUT 3-	9	I	通道 3 反向輸入
INPUT 1+	3	I	通道 1 非反向輸入	INPUT 3+	10	I	通道 3 非反向輸入
V+	4	P	電源電壓	GND	11	P	接地
INPUT 2+	5	I	通道 2 非反向輸入	INPUT 4+	12	I	通道 4 非反向輸入
INPUT 2-	6	I	通道 2 反向輸入	INPUT 4-	13	I	通道 4 反向輸入
OUTPUT 2	7	O	通道 2 輸出	OUTPUT 4	14	O	通道 4 輸出

6.3.2　電路圖編輯數位/類比轉換器

數位/類比轉換器以 EGO1 開發版內建 DAC0832 作範例，電路圖如圖 6.15 所示，其設計程序如下：

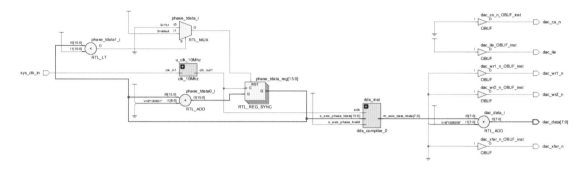

圖 6.15　數位/類比控制器電路圖

1. 於"Quick Start"視窗內，點選"Create Project"，其步驟與 1.3.1 章節相同。

2. 於"PROJECT MANAGER"視窗內點選"Add sources"，加入 Top_DAC.v。用來放置所需要之 Verilog 檔。

3. 完成後在"sources"視窗中點選 Hierarchy，將 Top_DAC.v 點開，即可發現程式碼已經完成，如圖 6.16 所示，讀者可直接進行編譯。

```verilog
1   `timescale 1ns / 1ps
2   module DAC0832(
3       input    sys_clk_in,
4       output   dac_cs_n ,
5       output   dac_wr1_n ,
6       output   dac_wr2_n ,
7       output   dac_xfer_n ,
8       output   dac_ile ,
9       output signed [7:0] dac_data
10  );
11
12      assign dac_ile =1;
13      assign dac_cs_n =0;
```

圖 6.16　DAC 控制器程式碼

```verilog
14      assign dac_wr1_n =0;
15
16      assign dac_wr2_n =0;
17      assign dac_xfer_n =0;
18
19      wire clk_10M;
20      clk_wiz_0 clk(
21          .clk_in1(sys_clk_in),
22          .clk_out1(clk_10M),
23      );
24
25      reg [15：0] phase_tdata;
26
27      always @(posedge clk_10M )begin
28          if(phase_tdata < 16'b1111_1111_1111_1111)begin
29              phase_tdata <= phase_tdata + 16'd65; //相位增量
30          end
31          else begin
32              phase_tdata<=16'd0;
33          end
34
35      end
36
37      wire [7：0] data_tdata;
38      wire data_tvalid;
39
40      dds_compiler_0 dds_inst(
41              .aclk(clk_10M),
42              .s_axis_phase_tvalid(1'b1),
43              .s_axis_phase_tdata(phase_tdata),
44              .m_axis_data_tvalid(data_tvalid),
45              .m_axis_data_tdata(data_tdata)
46      );
```

圖 6.16　DAC 控制器程式碼(續)

```
47
48     assign dac_data = data_tdata[7:0]+16'd128; //消除補數
49
50  endmodule
```

圖 6.16　DAC 控制器程式碼(續)

程式碼第 12～17 行為設定 DAC0832 啟動訊號，程式碼第 19 到 23 行引用一個 10Mhz Clock 頻率產生器。首先啟用 DAC0832，對 CS、WR₁ 送出低電位，對 ILE 送出高電位，再來對外部的 8 位元數位訊號由輸入暫存器輸入到 DAC 暫存器裡，對 XFER、WR₂ 送出低電位。使 DAC 暫存器裡的數據輸入到 D/A 轉換後得到類比數據。程式碼 40 到 46 行呼叫了一個 DDS 訊號產生器，用於產生弦波或方波，可參閱 Xilinx DDS Compiler 文件(PG141 DDS Compiler v6.0 LogiCORE IP Product Guide)，我們可以用公式 6.1 來算出所需要的輸出頻率。其參數為：

f_{clk} ：　輸入頻率

f_{out} ：　輸出頻率

$\Delta\square$ ：　相位增量

$B_{\theta(n)}$ ：　相位位數

$$f_{out} = \frac{f_{clk} \times \Delta\theta}{2^{B_{\theta(n)}}}$$
公式 6.1

將式 6.1 改寫之後可以得到需要算的相位增量，如公式 6.2。

$$\Delta\theta = \frac{f_{out} \times 2^{B_{\theta(n)}}}{f_{clk}}$$
公式 6.2

此範例需要一個輸出 10KHz 的 Sin 弦波。而我們的 f_{clk} 輸入頻率為 10MHz，$B_{\theta(n)}$ 相位位數為 16。因此如公式 6.3。

$$\Delta\theta = \frac{10,000 \times 2^{16}}{10,000,000} = 65.536$$
公式 6.3

得到相位增量為 65.536，取整數為 65 在程式碼第 29 行。再帶回公式 6.1。其如公式 6.4。輸入頻率 f_{out} 其結果約等於 10KHz。

$$f_{out} = \frac{10,000,000 \times 65}{65536} \cong 9,918 \qquad\qquad 公式\ 6.4$$

而最後輸出的數據為 126 到-126，以 2 進制補數表示為 0000_0000_0111_1110 以及 1111_1111_1000_0010。由於輸出至 DAC0832 是 8 位元，若直接輸出最後 8 位元會變成是會變成 126 到 5，5 到 130，所以需先將 2 的補數轉換回來，因此程式碼第 48 行輸出的數據再加上 128，變成 254 到 2。

接著新增兩個 IP，一個為 Clock IP 與 DDS IP。Clokc IP 設定如圖 6.17 與 6.18 所示。

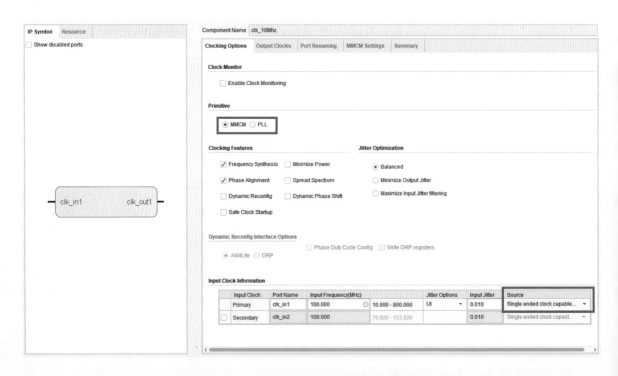

圖 6.17　10MHz Clock 產生器參數設定

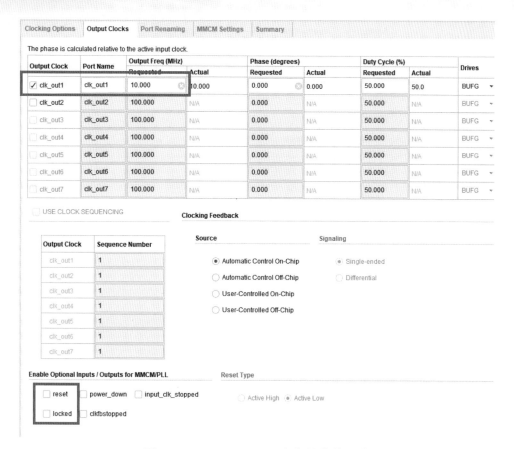

圖 6.18　10MHz Clock 產生器參數設定

DDS IP 設定如圖 6.19 與 6.20 所示。

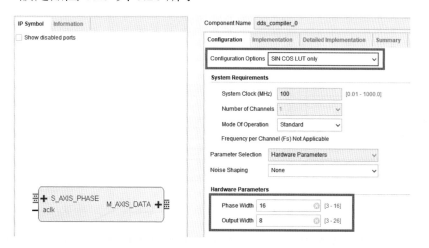

圖 6.19　DDS 訊號產生器 10kHz Sin 弦波參數設定

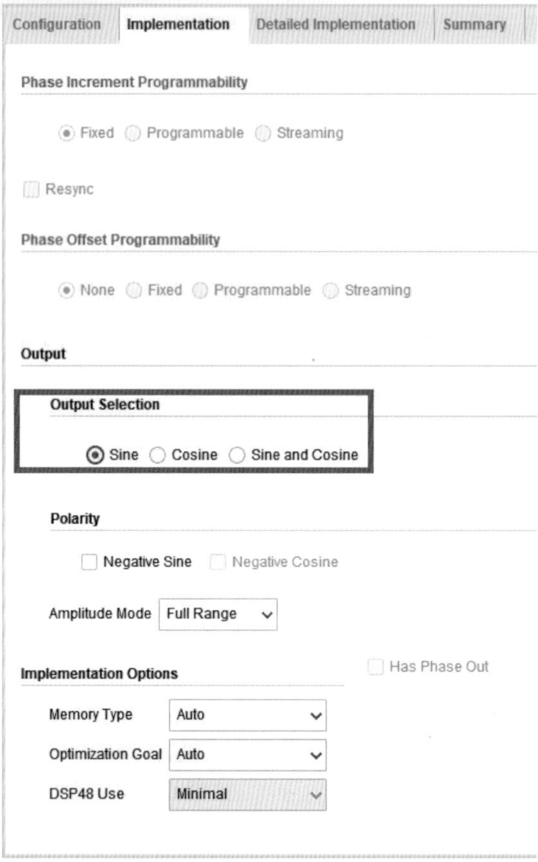

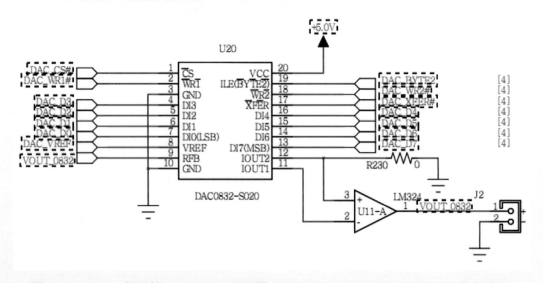

圖 6.20　DDS 訊號產生器 10kHz Sin 弦波參數設定

DAC 控制器的電路圖如圖 6.21 所示。

圖 6.21　EGO1 開發板 DAC 0832 電路圖 (EGO1_UserManual_v1.2 DAC 輸出接口)

6.3.3 數位/類比轉換器實作

接下來請讀者將數波器探針夾在 EGO 板子上的 J2 上。實驗結果如圖 6.22 可以看到正旋波之峰值為 1.8V。

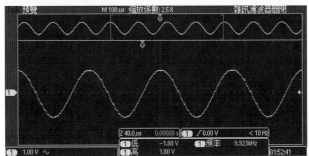

圖 6.22 DAC0832 實驗結果

6-4 練習題

6.4.1 用按鈕紀錄 XADC 轉換結果

結合按鈕，按下 BTN 後將目前 XADC 所轉換出來的數位資料記錄在左邊四顆七段顯示器上，而右邊四顆七段顯示器繼續顯示目前可變電阻的轉換結果。

6.4.2 實驗 DAC0832 轉換控制

參考本章節 DAC0832 實驗關於的所產生的 10kHz Sin 弦波，實現輸出週期為 100kHz，Sin 弦波與方波，並使用示波器量測之。

Chapter 7

UART 串列埠

7-1　UART 串列埠簡介

　　通用非同步收發傳輸器(Universal Asynchronous Receiver/Transmitter，UART)
是一種異步收發傳輸器，是電腦硬體的一部分，將數據通過串行通信和並行通信間
作傳輸轉換。具體來說 UART 不是個實際的連接介面，UART 介面只提供一個基礎
通訊編碼方法，以此基礎再加搭電路與軟體，才可以實現不同的介面，例如 RS232、
RS449、RS423、RS422 和 RS485 等是對應各種異步串行通信口的接口標準和匯流
排標準，它規定了通信端口的電氣特性、傳輸速率、連接特性和端口的機構特性等
內容，屬於通信網絡中的實體層(Physical Layer)的階層，與通信協議沒有直接關係。
而 UART 通信協議，是屬於通信網絡中的資料鏈結層(Data Link Layer)的階層。

　　COM 埠是過去最早 IBM 電腦的 PC 外部連接介面，實體端口為 RS232，由於
種種歷史原因，成為實際上的 PC 界默認標準。所以現在 PC 個人電腦的 COM 埠均
為 RS232。若配有多個 UART 串列埠，則分別稱為 COM1、COM2... 。但近 10 年
的電腦都只具備 USB，已經沒有配置 RS232 了，因此通常還要透過一個 UART 轉
USB 的轉接電路，才能讓 FPGA 或是 MCU 與電腦連接。圖 7.1 為 UART 通訊協議
示意圖，沒有資料傳送時 DATA 維持在邏輯高位，DATA 下降後第一個周期為起

始位元，之後 8 個週期爲數據區間 D0~D7，最後一個週期爲 EVEN-ODD 檢查碼，然後 DATA 拉高爲邏輯高位爲停止位元完成傳送資料，通常會由 1 Start Bit + 8Bit data + 1 Stop Bit 建構成一個傳輸封包。

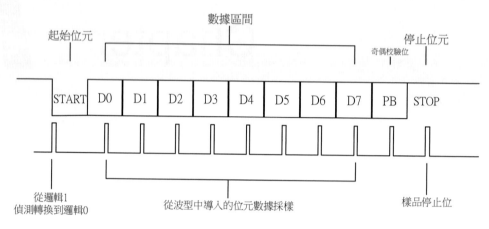

圖 7.1 UART 通訊協議示意圖

另外很多時候在使用 UART 傳送資料的時候，無論是高階軟體，如 VB、C# 等或者是偏向硬體的 MCU，在傳送前我們必須先理解，在兩個設備間通訊時所使用的通訊協定，也就是說要相互傳遞的資料格式是 ASCII 還是數值，必須先定義出來之後，才有辦法開始撰寫程式，如圖 7.2 所示。

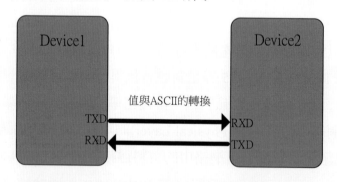

圖 7.2 UART 通訊協議在設備與設備連接方式

　　ASCII 指的是文字標準編碼，而數值指的就是單純的數字，也就是說在程式設計中，假使今天要透過 UART 傳送資料「11」時如果是以數值方式傳送時，則 UART 會送出 00001011 也就是十進制數值的 11，那假使今天傳送的是「11」的 ASCII 時，則 UART 會送出 00110001_ 00110001，也就是 0x3131，因為在 ASCII 的編碼中 1 即為 0x31 這個值，所以說如果不先搞清楚傳送的格式是 ASCII 或者是數值時，則會產生很嚴重的通訊錯誤問題，讀者可以參照表 7.1 ASCII 碼對照表。

ASCII "11" = 8'b0011_0001，8'b 00110001

Value 11 = 8'b00001011

表 7.1　ASCII 碼對照表

	0000	0001	0010	0011	0100	0101	0110	0111
0000	NUL	DLE	SP	0	@	P	"	p
0001	SOH	DC1	!	1	A	Q	a	q
0010	STX	DC2	"	2	B	R	b	r
0011	ETX	DC3	#	3	C	S	c	s
0100	EOT	DC4		4	D	T	d	t
0101	ENQ	NAK	%	5	E	U	e	u
0110	ACK	SYN	&	6	F	V	f	v
0111	BEL	ETB	"	7	G	W	g	w
1000	BS	CAN	(	8	H	X	h	x
1001	HT	EM	)	9	I	Y	i	y
1010	LF	SUB	*	:	J	Z	j	z
1011	VT	ESC	+	;	K	[	k	{
1100	FF	DS	,	<	L	\	l	/
1101	CR	GS	-	=	M	]	m	}
1110	SO	RS	.	>	N	^	N	~
1111	SI	US	/	?	O	_	o	DEL

讀者能夠解析 UART 傳送波形的話，很多時候在硬體除錯上會有大的幫助，假設一樣由 1 Start Bit + 8Bit data + 1 Stop Bit 建構成一個傳輸封包(因有時 Stop Bit 不是一個)，一個完整的 UART 封包為 10bit。且必須知道 TX 端傳送的 BaudRate 速度，才能夠去判讀示波器上的波形，最慢是 2400bps，最快是 115200bps，本節範例均使用 9600bps 作為解說，先收到的位元是 D0 最後收到的是 D7。在圖 7.3 中，TX 端輸出 ASSIC 碼 5，接收後儲存結果為 8'b0011_0101，圖 7.4 TX 端輸出 ASSIC 碼 A，接收後儲存結果為 8'b0100_0001，讀者可以參考表 7.1 查詢對應的 ASSIC 碼結果。

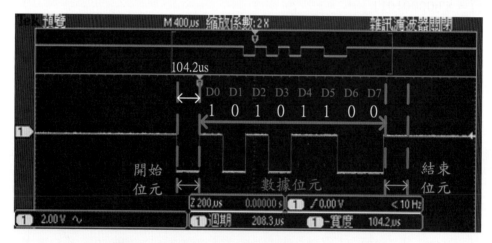

圖 7.3　TX 端輸出為 5 之波型圖 8'b0011_0101

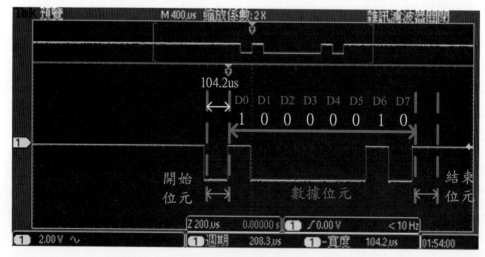

圖 7.4　TX 端輸出為 A 之波型圖 8'b0100_0001

7-2　**UART** 串列埠基本操作

本小節以一個簡易的 UART 通訊協定展示並解釋 ASSIC 編碼與解碼方式，請參閱下圖 7.5 之 UART 通訊協定 ASSIC 字元接收與發送範例，從 PC 端的終端機發經由 UART 介面 TX 端發送一個 ASSIC 字元(0~F)至 EGO 開發版，一開始要先經過 Sig_Processing 除彈跳處理，然後送到 RX_TOP 模組，RX_TOP 模組內由內建的 9600 baudrate 產生器生成 9600bps 頻率給 H2L_detect 模組用於偵測 start 訊號，一旦偵測到 start 訊號則 Rx_ctl 內的狀態機會觸發一次接收動作，完成接受後的 8 位元 RX_data 則送到 RX 端 FIFO 內做資料緩衝，最後經過 ASSIC2DEC 模組將 ASSIC 字元轉換爲 2 進位數字給 Seg7_Display 模組顯示接收到的內容。反過來，EGO 開發版由 SW0~SW3 指撥器做爲輸入一個字元(0~F)，首先一樣將此字元送給 Seg7_Display 模組顯示要傳送給 PC 端的字元內容，經過 DEC2ASSIC 模組將 2 進位數字轉換爲 ASSIC 字元，在送到 TX 端 FIFO 內做資料緩衝，等按下按鈕 TX_TOP 模組就會將要傳送出去的 8 位元 Tx_data 由 Tx_ctl 內的狀態機做 UART 傳送編碼發送給 PC 端的 RX 埠。

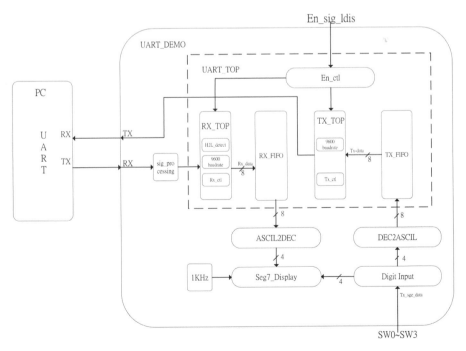

圖 7.5　UART 通訊協定 ASSIC 字元接收與發送範例

1. 於視窗選單 PROJECT MANAGER 內，點選 Add Source，其步驟與 1.3.1 章節相同。

2. 新增新資料夾並取名 "src"，於專案資料夾內，用來放置所需要之電路檔與 VERILOG 檔。

3. Uart_top、uart_demo、tx_top、tx_ctl、tx_band_gen、rx_top、rx_ctl、rx_band_gen、en_ctl 、 out_ctl 、 assic2dec 、 dec2assic 、 btn_debounce 、 reverse_detect 、 input_signal_processing、meta_harden、Seg_Display、hex_seg7、H2L_detect、L2H_detect、delay_10ms、Divider_Clock 共二十二個檔案至 "src" 資料夾內。

4. 在視窗 PROJECT MANAGER 中點選 Add Sources。

5. 點滑鼠右鍵選擇 Next，點選 Add Sources。

6. 加入 "src" 中所有檔案。

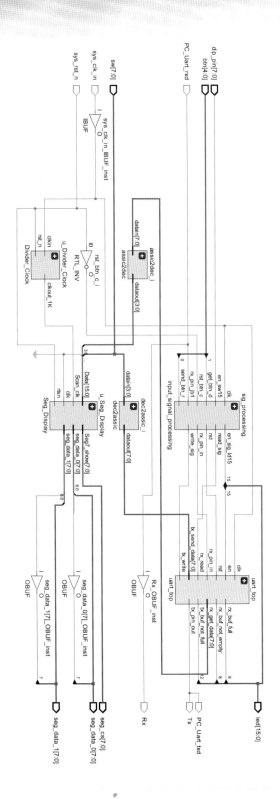

圖 7.6　UART 通訊協定 ASSIC 字元接收與發送電路架構圖

首先圖 7.7 為 uart_demo 模組展示 ASSIC 字元接收與發送的範例，從 PC 端的終端機發經由 UART 介面 TX 端發送一個 ASSIC 字元(0~F)至 EGO 開發版，另一邊則在 EGO 開發版由 SW0~SW3 指撥器做為輸入一個字元(0~F)送給 PC 端。40 行到 56 行呼叫了 sig_processing 做除彈跳處理，包含 EGO 端 uart_rx、btn 按鈕。59 到 75 行呼叫了 uart_top 控制器。81 到 84 行為 ASSIC 碼轉換，ASSIC2DEC 模組將 ASSIC 字元轉換為 2 進位數字，DEC2ASSIC 模組將 2 進位數字轉換為 ASSIC 字元。92 到 100 行把結果輸出到七段顯示器上，輸出內容在第 80 行，這裡僅輸出接收字元在右邊第一個七段顯示器，傳送字元在右邊第三個七段顯示器。

```
1    `timescale 1ns / 1ps
2    module uart_demo(
3        input sys_clk_in,
4        input sys_rst_n,
5
6        input [7:0] dip_pin,
7        input [4:0] btn,
8        input [7:0] sw,
9        output [15:0] led,
10
11       input PC_Uart_rxd,
12       output PC_Uart_txd,
13
14       output [7:0] seg_cs,
15       output [7:0] seg_data_1,
16       output [7:0] seg_data_0
17       );
18
19       wire en_sw15,en_sig_ld15;
20       wire get_btn_d,rx_buf_not_empty,rx_buf_full;
21       wire send_btn_r,tx_buf_not_full;
22       wire [3:0] tx_send_data;
23
```

圖 7.7　uart_demo 程式碼

```
24      assign en_sw15 = dip_pin[7];
25      assign en_sig_ld15 = led[15];
26      assign get_btn_d = btn[1];
27      assign rx_buf_not_empty = led[8];
28      assign rx_buf_full = led[9];
29      assign send_btn_r = btn[0];
30      assign tx_buf_not_full = led[12];
31      assign tx_send_data = sw[3：0];
32
33      wire rst;
34      wire rx_pin_in,read_sig,write_sig;
35      wire rst_btn_c = ~sys_rst_n;
36
37      wire clkout_1kHZ;
38
39      //除彈跳模組
40      input_signal_processing sig_processing(
41          .clk( sys_clk_in ),
42          .rst_btn_c( rst_btn_c ),
43          .rst(rst),
44
45          .rx_pin_jb1( PC_Uart_rxd ),
46          .rx_pin_in( rx_pin_in ),
47
48          .get_btn_d( get_btn_d ),
49          .read_sig( read_sig ),
50
51          .send_btn_r( send_btn_r ),
52          .write_sig( write_sig ),
53
54          .en_sw15( en_sw15 ),
55          .en_sig_ld15( en_sig_ld15 )
56      );
```

圖 7.7　uart_demo 程式碼(續)

```
57
58      wire [7：0]rx_get_data;
59      uart_top uart_top(
60          .clk( sys_clk_in ),
61          .rst( rst ),
62
63          .en( en_sig_ld15 ),
64
65          .rx_read( read_sig ),
66          .rx_pin_in( rx_pin_in ),
67          .rx_get_data( rx_get_data ),
68          .rx_buf_not_empty( rx_buf_not_empty ),
69          .rx_buf_full( rx_buf_full ),
70
71          .tx_write( write_sig ),
72          .tx_pin_out( PC_Uart_txd ),
73          .tx_send_data( tx_assic ),
74          .tx_buf_not_full( tx_buf_not_full )
75      );
76
77      wire [3：0] rx_dec;
78      wire [7：0] tx_assic;
79      wire [15：0] SegData;
80      assign SegData = {4'b0000, tx_send_data, 4'b0000, rx_dec};
81      //transfer to assic for PC
82      dec2assic dec2assic_i (tx_send_data, tx_assic);
83      //trabsfer to dec for Seg7
84      assic2dec assic2dec_i (rx_get_data, rx_dec);
85
86      Divider_Clock u_Divider_Clock(
87          .clkin(sys_clk_in),
88          .rst_n(sys_rst_n),
89          .clkout_1K(clkout_1kHZ)
```

圖 7.7　uart_demo 程式碼(續)

```
90      );
91
92      Seg_Display u_Seg_Display(
93          .Scan_clk(clkout_1kHZ),
94          .clk(),
95          .rtsn(sys_rst_n),
96          .Data(SegData),
97          .Seg7_show(seg_cs),
98          .seg_data_0(seg_data_0),
99          .seg_data_1(seg_data_1)
100     );
101
102 endmodule
```

圖 7.7　uart_demo 程式碼(續)

　　圖 7.8 與圖 7.9 為 dec2assic 與 assic2dec 編解碼器，請讀者注意這裡僅示範 ASSIC 碼 0 到 F 字元相互轉換至二進位編碼 0 到 15，讀者要實現完整字碼請參閱表 7.1 自行增加。

```
1   module dec2assic (datain,dataout);
2     input [3:0] datain;
3     output reg [7:0] dataout;
4
5     always@ (datain)begin  // Dec 0~F to ASSIC 0~15
6       case (datain)
7         4'b0000 : dataout = 8'b0011_0000;
8         4'b0001 : dataout = 8'b0011_0001;
9         4'b0010 : dataout = 8'b0011_0010;
10        4'b0011 : dataout = 8'b0011_0011;
11        4'b0100 : dataout = 8'b0011_0100;
12        4'b0101 : dataout = 8'b0011_0101;
13        4'b0110 : dataout = 8'b0011_0110;
14        4'b0111 : dataout = 8'b0011_0111;
```

圖 7.8　dec2assic 程式碼

```verilog
15          4'b1000 : dataout = 8'b0011_1000;
16          4'b1001 : dataout = 8'b0011_1001;
17          4'b1010 : dataout = 8'b0100_0001;
18          4'b1011 : dataout = 8'b0100_0010;
19          4'b1100 : dataout = 8'b0100_0011;
20          4'b1101 : dataout = 8'b0100_0100;
21          4'b1110 : dataout = 8'b0100_0101;
22          4'b1111 : dataout = 8'b0100_0110;
23
24          default : dataout = 8'b0000_0000;
25      endcase
26    end
27 endmodule
```

圖 7.8　dec2assic 程式碼(續)

```verilog
1  module assic2dec (datain,dataout);
2    input [7:0] datain;
3    output reg [3:0] dataout;
4
5    always@ (datain)begin  // ASSIC 0~F to Dec 0~15
6      case (datain)
7          8'b0011_0000 : dataout = 4'b0000;
8          8'b0011_0001 : dataout = 4'b0001;
9          8'b0011_0010 : dataout = 4'b0010;
10         8'b0011_0011 : dataout = 4'b0011;
11         8'b0011_0100 : dataout = 4'b0100;
12         8'b0011_0101 : dataout = 4'b0101;
13         8'b0011_0110 : dataout = 4'b0110;
14         8'b0011_0111 : dataout = 4'b0111;
15         8'b0011_1000 : dataout = 4'b1000;
16         8'b0011_1001 : dataout = 4'b1001;
17         8'b0100_0001 : dataout = 4'b1010;
```

圖 7.9　assic2dec 程式碼

```
18        8'b0100_0010 : dataout  = 4'b1011;
19        8'b0100_0011 : dataout  = 4'b1100;
20        8'b0100_0100 : dataout  = 4'b1101;
21        8'b0100_0101 : dataout  = 4'b1110;
22        8'b0100_0110 : dataout  = 4'b1111;
23
24        default : dataout  = 4'b0000;
25      endcase
26    end
27 endmodule
```

圖 7.9　assic2dec 程式碼(續)

　　圖 7.10 為 uart_top 程式碼，首先 22 行到 35 行呼叫了一個 en 訊號 delay 模組，用於 FIFO 控制使用，接著 40 到 49 行為 RX_FIFO，57 到 66 行為 TX_FIFO，68 到 82 行分別是 RX 資料接收控制模組與 TX 資料發送控制模組。

```
1  `timescale 1ns / 1ps
2  module uart_top(
3     input clk,
4     input rst,
5
6     input en,
7
8     input rx_read,
9     input rx_pin_in,
10    output rx_buf_not_empty,
11    output rx_buf_full,
12    output [7:0]rx_get_data,
13
14    input tx_write,
15    input [7:0]tx_send_data,
16    output tx_pin_out,
17    output tx_buf_not_full
```

圖 7.10　uart_top 程式碼

```
18      );
19
20      wire rx_read_buf,tx_write_buf;
21      wire gate_clk,rst_en_ctl;
22      en_ctl en_ctl(
23          .clk( clk ),
24          .rst( rst ),
25
26          .en( en ),
27
28          .rx_read( rx_read ),
29          .tx_write( tx_write ),
30
31          .gate_clk( gate_clk ),
32          .rst_en_ctl( rst_en_ctl ),
33          .rx_read_buf( rx_read_buf ),
34          .tx_write_buf( tx_write_buf )
35      );
36      wire [7：0]rx_data;
37      wire rx_write_buf;
38      wire rx_buf_empty;
39      assign rx_buf_not_empty = ~rx_buf_empty;
40      data_buf rx_buf (
41        .clk( clk ),      // input wire clk
42        .rst( rst ),      // input wire rst
43        .din( rx_data ),      // input wire [7 : 0] din
44        .wr_en( rx_write_buf ),  // input wire wr_en
45        .rd_en( rx_read_buf ),  // input wire rd_en
46        .dout( rx_get_data ),   // output wire [7 : 0] dout
47        .full( rx_buf_full ),   // output wire full
48        .empty( rx_buf_empty )  // output wire empty
49      );
50      wire tx_read_buf;
```

圖 7.10   uart_top 程式碼(續)

```verilog
51    wire [7:0]tx_data;
52    wire tx_buf_full,tx_buf_empty;
53    wire tx_buf_not_empty;
54    assign tx_buf_not_full = ~tx_buf_full;
55    assign tx_buf_not_empty = ~tx_buf_empty;
56
57    data_buf tx_buf (
58      .clk( clk ),      // input wire clk
59      .rst( rst ),      // input wire rst
60      .din( tx_send_data ),     // input wire [7 : 0] din
61      .wr_en( tx_write_buf ),  // input wire wr_en
62      .rd_en( tx_read_buf ),  // input wire rd_en
63      .dout( tx_data ),    // output wire [7 : 0] dout
64      .full( tx_buf_full ),   // output wire full
65      .empty( tx_buf_empty )  // output wire empty
66    );
67
68    tx_top tx_top(
69        .clk( clk ),
70        .rst( rst_en_ctl ),
71        .tx_pin_out( tx_pin_out ),
72        .tx_data( tx_data ),
73        .tx_buf_not_empty( tx_buf_not_empty ),
74        .tx_read_buf( tx_read_buf )
75    );
76    rx_top rx_top(
77        .clk( clk ),
78        .rst( rst_en_ctl ),
79        .rx_pin_in( rx_pin_in ),
80        .rx_data( rx_data ),
81        .rx_done_sig( rx_write_buf )
82    );
83 endmodule
```

圖 7.10　uart_top 程式碼(續)

接著在 rx_top 模組內，分別包含了三個子模組 H2L_detect、rx_band_gen 與 rx_ctl，H2L_detect 用於偵測 start 訊號，一旦偵測到 start 訊號則 Rx_ctl 內的狀態機會觸發一次接收動作，狀態機一開始會先啓用 rx_band_gen 模組產生 9600bps 用於接收資料，完成接受後的 8 位元 RX_data 則送到 RX 端 FIFO 內做資料緩衝。

```verilog
1    `timescale 1ns / 1ps
2    module rx_top(
3        input clk,
4        input rst,
5        input rx_pin_in,
6        output [7：0]rx_data,
7        output rx_done_sig
8        );
9        wire rx_pin_H2L;
10       H2L_detect rx_in_detect(
11           .clk( clk ),
12           .rst( rst ),
13           .pin_in( rx_pin_in ),
14           .sig_H2L( rx_pin_H2L )
15       );
16       wire rx_band_sig;
17       wire clk_bps;
18       rx_band_gen rx_band_gen(
19           .clk( clk ),
20           .rst( rst ),
21           .band_sig( rx_band_sig ),
22           .clk_bps( clk_bps )
23       );
24       rx_ctl rx_ctl(
25           .clk( clk ),
26           .rst( rst ),
27           .rx_pin_in( rx_pin_in ),
28           .rx_pin_H2L( rx_pin_H2L ),
```

圖 7.11　rx_top 程式碼

```
29        .rx_band_sig( rx_band_sig ),
30        .rx_clk_bps( clk_bps ),
31        .rx_data( rx_data ),
32        .rx_done_sig( rx_done_sig )
33     );
34  endmodule
```

圖 7.11　rx_top 程式碼(續)

　　Rx_ctl 模組內的狀態機共有 12 個狀態，在 IDLE 狀態等待 H2L_detect 偵測到
訊號下降也就是 start 訊號則會跳到 BEGIN 狀態，並把 rx_band_sig 設為 1 使
rx_band_gen 模組開始產生 9600bps 頻率用於接收資料，接下來在 DATA0~DATA7
的 8 個狀態把 rx_pin_in 資料儲存至 rx_data，然後跳到 END 狀態結束資料接收。

```
1   `timescale 1ns / 1ps
2   module rx_ctl(
3       input clk,
4       input rst,
5       input rx_pin_in,
6       input rx_pin_H2L,
7       output reg rx_band_sig,
8       input rx_clk_bps,
9       output reg[7：0]rx_data,
10      output reg rx_done_sig
11      );
12      localparam [3：0] IDLE = 4'd0, BEGIN = 4'd1, DATA0 = 4'd2,
13                        DATA1 = 4'd3, DATA2 = 4'd4, DATA3 = 4'd5,
14                        DATA4 = 4'd6, DATA5 = 4'd7, DATA6 = 4'd8,
15                        DATA7 = 4'd9, END = 4'd10, BFREE = 4'd11;
16      reg [3：0]pos;
17      always @( posedge clk or posedge rst )
18         if( rst )
19            begin
20               rx_band_sig <= 1'b0;
```

圖 7.12　rx_ctl 程式碼

```verilog
21                    rx_data <= 8'd0;
22                    pos <= IDLE;
23                    rx_done_sig <= 1'b0;
24              end
25         else
26            case( pos )
27               IDLE:  //等待 Start 訊號，H2L 發生跳到 BEGIN，rx_band_sig
28                      //輸出 1 開始產生 rx_clk_bps 訊號
29                  if( rx_pin_H2L )
30                     begin
31                        rx_band_sig <= 1'b1;
32                        pos <= pos + 1'b1;
33                        rx_data <= 8'd0;
34                     end
35               BEGIN://用 9600bps 速度檢查 rx input 為 0 則跳到 DATA0~DATA0
36                  if( rx_clk_bps )
37                  begin
38                     if( rx_pin_in == 1'b0 )
39                        begin
40                           pos <= pos + 1'b1;
41                        end
42                     else
43                        begin
44                           rx_band_sig <= 1'b0;
45                           pos <= IDLE;
46                        end
47                  end
48               DATA0,DATA1,DATA2,DATA3,DATA4,DATA5,DATA6,DATA7:
49               //儲存至 rx_data
50                  if( rx_clk_bps )
51                     begin
52                        rx_data[ pos - DATA0 ] <= rx_pin_in;
53                        pos <= pos + 1'b1;
```

圖 7.12　rx_ctl 程式碼(續)

54	end
55	END：//完成接收，rx_done_sig 輸出 1，rx_band_sig
56	//輸出 0 停止產生 rx_clk_bps 訊號，跳到 BFREE
57	if(rx_clk_bps)
58	begin
59	rx_done_sig <= 1'b1;
60	pos <= pos + 1'b1;
61	rx_band_sig <= 1'b0;
62	end
63	BFREE： //rx_done_sig 輸出 0，回到 IDLE
64	begin
65	rx_done_sig <= 1'b0;
66	pos <= IDLE;
67	end
68	endcase
69	endmodule

圖 7.12　rx_ctl 程式碼(續)

　　模組 H2L_detect 用於偵測 start 訊號，其原理可以參照圖 7.13，先把 pin_in 延遲一個周期為 pin_pre，然後做!pin_in & pin_pre 就可以得到 sig_H2L。同樣原理可以實現 L2H_detect，改成 pin_in & !pin_pre 就可以得到 sig_L2H。

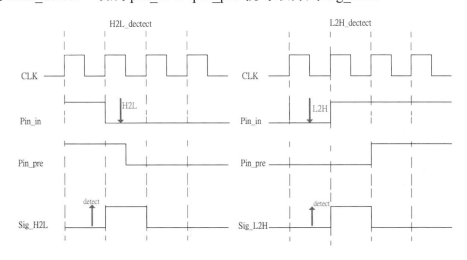

圖 7.13　H2L_detect 與 L2H_detect 訊號下降與上升偵測原理

```verilog
1    `timescale 1ns / 1ps
2    module H2L_detect(
3        input clk,
4        input rst,
5        input pin_in,
6        output sig_H2L
7        );
8
9        reg pin_pre;
10       assign sig_H2L = !pin_in & pin_pre;
11       always @( posedge clk or posedge rst )
12           if( rst )
13               pin_pre <= 1'b0;
14           else
15               pin_pre <= pin_in;
16
17   endmodule
```

圖 7.14　H2L_detect 程式碼

圖 7.15 rx_band_gen 模組可以經由參數化設計從 clk 100Mhz 輸入經過除頻產生 9600bps 頻率，讀者可以直接修改 parameter BAND_RATE 取得想要的 UART BaudRate，例如 2400bps 或 115200bps。

```verilog
1    `timescale 1ns / 1ps
2    module rx_band_gen(
3        input clk,
4        input rst,
5        input band_sig,
6        output reg clk_bps
7        );
8        ////////////////////
```

圖 7.15　rx_band_gen 程式碼

```verilog
9      parameter SYS_RATE = 100000000;
10     parameter BAND_RATE = 9600;
11     parameter CNT_BAND = SYS_RATE / BAND_RATE;
12     parameter HALF_CNT_BAND = CNT_BAND / 2;
13     ////////////////////////////
14     reg [13:0]cnt_bps;
15     always @( posedge clk or posedge rst )
16         if( rst )
17         begin
18             cnt_bps <= HALF_CNT_BAND;
19             clk_bps <= 1'b0;
20         end
21         else if( !band_sig )
22         begin
23             cnt_bps <= HALF_CNT_BAND;
24             clk_bps <= 1'b0;
25         end
26         else if( cnt_bps == CNT_BAND )
27         begin
28             cnt_bps <= 14'd0;
29             clk_bps <= 1'b1;
30         end
31         else
32         begin
33             cnt_bps <= cnt_bps + 1'b1;
34             clk_bps <= 1'b0;
35         end
36 endmodule
```

圖 7.15　rx_band_gen 程式碼(續)

　　接著在 tx_top 模組內，分別包含了兩個子模組 tx_band_gen 與 tx_ctl，狀態機偵測到 tx_buf_not_empty 為 1，表示 TX FIFO 內有資料，一開始會先啟用 tx_band_gen 模組產生 9600bps 用於傳送資料，完成傳送後在把後的 tx_band_gen 關閉。

```verilog
`timescale 1ns / 1ps
module tx_top(
    input clk,
    input rst,

    output tx_pin_out,
    input [7:0]tx_data,
    input tx_buf_not_empty,
    output tx_read_buf
    );

    wire tx_band_sig;
    wire clk_bps;
    tx_band_gen tx_band_gen(
        .clk( clk ),
        .rst( rst ),
        .band_sig( tx_band_sig ),
        .clk_bps( clk_bps )
    );
    tx_ctl tx_ctl(
        .clk( clk ),
        .rst( rst ),
        .tx_clk_bps( clk_bps ),
        .tx_band_sig( tx_band_sig ),
        .tx_pin_out( tx_pin_out ),
        .tx_data( tx_data ),
        .tx_buf_not_empty( tx_buf_not_empty ),
        .tx_read_buf( tx_read_buf )
    );

endmodule
```

圖 7.16　tx_top 程式碼

最後一個步驟，請讀者由 Vivado IP Catalog 直接產生出深度為 32 長度 8 位元 FIFO 做 UART 資料緩衝使用。

1. 選擇 IP Catalog　如圖 7.17

圖 7.17　點選左上角 IP Catalog 來產生 32×8 FIFO 記憶體

2. 選擇 Memories & Storage Elements，選擇下方 FIFOs 資料夾後點選 FIFO Generator，如圖 7.18。

圖 7.18　選擇 FIFO 記憶體產生器

3.　點擊 Show disatled ports 取消，點擊 Component Name 改為 data_buf，如圖 7.19。

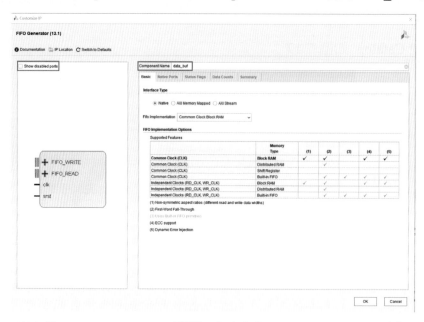

圖 7.19　左上角 Show disatled ports 取消，在右上角 Component Name 改為 data_buf

4.　點擊 Native Ports 下方 Data Port Paramenters 下的 Write Width 以及 Read Width 改為 8，Write Depth 改為 32，Initialization 中的 Reset Type 改成 Asynchronous Reset，如圖 7.20。

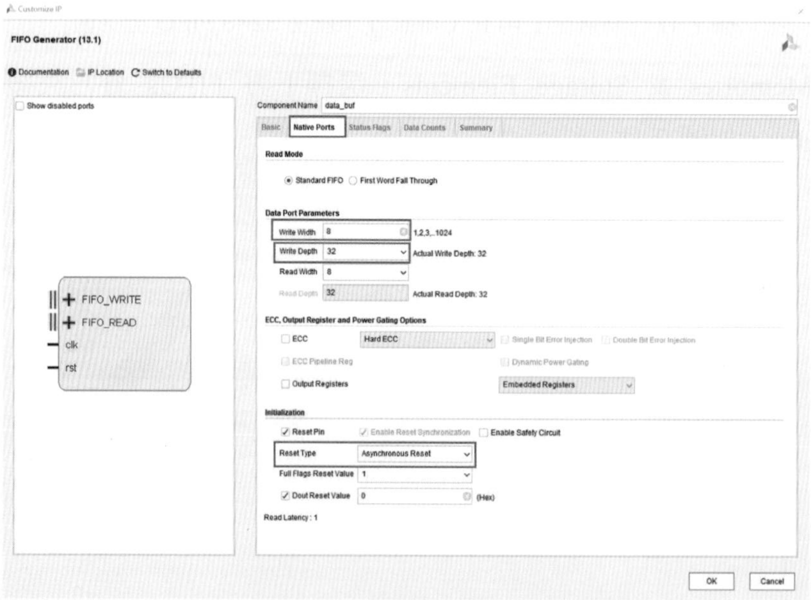

圖 7.20　FIFO Port 設定

5. 上述選項都完成以後點選 ok，在跳出的對話窗中選擇 Out of context per IP，選擇後點選 Generate，如圖 7.21。

圖 7.21　選擇 Generate 生成 FIFO 記憶體 IP

6. 點選完成後在板子上將指撥開關 SW5、SW6、SW7 打開會發現七段顯示器顯示 00C7。

燒錄至 FPGA 後，PC 個人電腦端需安裝終端機介面；例如 Putty 或 Terninal。

1. 點選 Terminal v1.9b，並選擇連接 COM 點，此處讀者需檢查驅動程式列表決定選哪一個 COM 點，不一定是本書內容 COM4，以及選擇 Baud rate 9600，如圖 7.22，可至 https：//www.narom.no/undervisningsressurser/the-cansat-book/the-primary-mission/using-the-radio/terminal-program/ 自行下載。

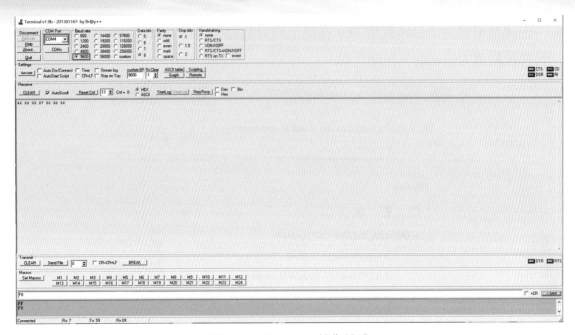

圖 7.22　Terminal 操作說明

2.　完成後點選左上角 Connect 開始連接，如圖 7.23。

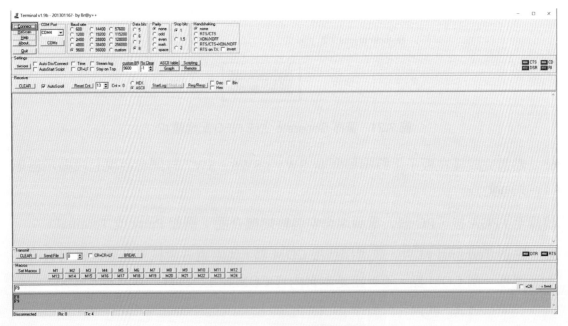

圖 7.23　Terminal 操作說明

3. 將 EGO1 SW7、SW6、SW5、SW4 全部打開如圖 7.24，七段顯示起顯示 0 F，並點選 S0 發送給電腦，即可發現如圖 7.25 所示，電腦接收值為 F。

圖 7.24　EGO1 板子傳值 16 進位 F

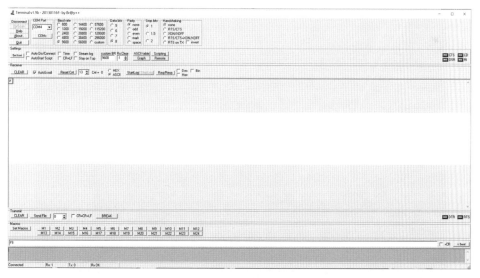

圖 7.25　Terminal 接收值 F

4. 如圖 7.26 所示，當電腦輸出為 F9 並點選 send，EGO1 點選 S1 即會改變數字如圖 7.27 及 7.28 所示。

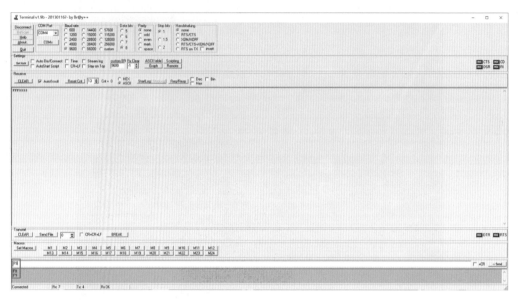

圖 7.26　Terminal 傳值 F

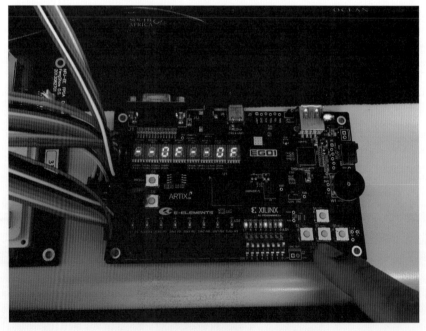

圖 7.27　EGO1 板子按下 S1 收值 F

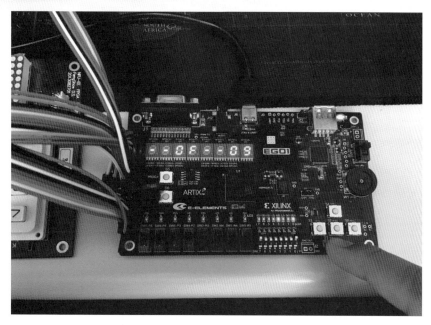

圖 7.28　EGO1 板子按下 S1 收值 9

7-3　練習題

7.3.1　UART 打字機

參考表 7.1，把 ASSIC 碼 A~Z, a~z, 0~9，空白與斷行完成，PC 端輸入這些字元進來時則 EGO 端直接傳送回去給 PC 端，FPGA 當計數到第 80 個字元或是收到斷行代碼則回送一個斷行代碼給 PC 端，可用 UART 實現一個打字機。

7.3.2　以 UART 顯示 XADC 轉換結果

結合第六章 XADC，將 XADC 所轉換出來的數位資料顯示在 PC 端 UART 之上。

Chapter 8

8 乘 8 LED 矩陣

8-1　8 乘 8 LED 矩陣

本章節介紹如何以 Verilog 硬體描述語言於 EGO1 開發版上控制外接 8 乘 8 單色 LED 矩陣模組，經由 GPIO 接腳外接 LED 矩陣並賦予其行列訊號來控制欲顯示的矩陣內容，以達到讀者想要顯示之圖形。

8.1.1　8 乘 8 LED 矩陣及解碼器介紹

本書使用一般常見的共陰極單色 8 乘 8 LED 矩陣與 3 對 8 解碼器 74HC238N 來控制行列掃描線訊號。8 乘 8 LED 矩陣一共有 16 隻接腳，分別為行掃描線輸入與列掃描線輸入，各 8 隻輸入接腳，可由這 16 隻接腳來控制欲顯示之圖形內容。圖 8.1 為共陰極單色 8 乘 8 LED 矩陣的內部電路圖，如所示。下面輸入腳位為行控制訊號，左邊輸入腳位為列控制訊號，在這邊我們會將 3 對 8 解碼器解碼輸出最為列控制訊號，並依照對點亮 LED 的頻率依序給予高電位訊號輸入。而至於 LED 燈之亮滅與否是由下面的行控制訊號來抉擇，如欲顯示亮燈給予低電位，反之則給予高電位。

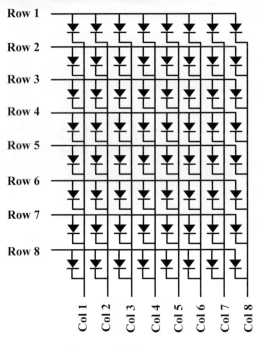

圖 8.1　共陰極 8x8 LED

　　圖 8.2 為 3 對 8 解碼器 74HC238N 的腳位介紹，各腳位功能如表 8.1 所示，腳位 1~3 為解碼器之輸入端，腳位 4,5 作用為低電位致能輸入，因此只需要接到 GND 端，而腳位 6 作用為高電位致能輸入，直接接到 VCC 端即可，使 3 對 8 解碼器一直維持致能狀態。腳位 7、9~15 為解碼器之輸出端，而腳位 8 與 16 分別為 GND 及 VCC。表 8.2 為 74HC238 之輸入輸出真值表，當輸入端 A[0：2]為 "000" 時，可得 Y[0]為高電位輸出，Y[1：7]為低電位輸出。

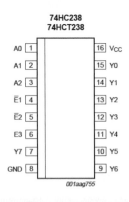

圖 8.2　74HC238(74HC238, Rev. 03 — 16 July 2007 3-to-8 line decoder)

表 8.1　74HC238 腳位功能

腳位代號	腳位名稱	方向	功能
1~3	A[0：2]	輸入	輸入位址
4,5	$\overline{E1}$, $\overline{E2}$	輸入	致能輸入(於低電位)
6	E3	輸入	致能輸入(於高電位)
7,9~15	Y[0：7]	輸出	輸出(於高電位)
8	GND	0V	接地(0V)
16	Vcc	輸入	電壓供應

表 8.2　74HC238 規格(74HC238, Rev. 03 — 16 July 2007 3-to-8 line decoder)

Inputs						Outputs							
$\overline{E1}$	$\overline{E2}$	E3	A0	A1	A2	Y0	Y1	Y2	Y3	Y4	Y5	Y6	Y7
H	X	X	X	X	X	L	L	L	L	L	L	L	L
X	H	X	X	X	X	L	L	L	L	L	L	L	L
X	X	L	X	X	X	L	L	L	L	L	L	L	L
L	L	H	L	L	L	H	L	L	L	L	L	L	L
L	L	H	H	L	L	L	H	L	L	L	L	L	L
L	L	H	L	H	L	L	L	H	L	L	L	L	L
L	L	H	H	H	L	L	L	L	H	L	L	L	L
L	L	H	L	L	H	L	L	L	L	H	L	L	L
L	L	H	H	L	H	L	L	L	L	L	H	L	L
L	L	H	L	H	H	L	L	L	L	L	L	H	L
L	L	H	H	H	H	L	L	L	L	L	L	L	H

※　H = 高電位

　　L = 低電位

　　X = 不考慮

8.1.2 電路圖編輯

8 乘 8LED 矩陣設計程序如下，圖 8.3 為其電路：

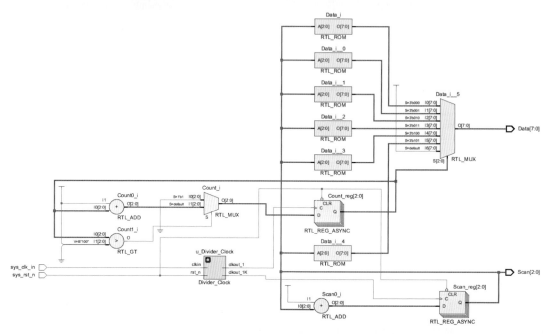

圖 8.3　8x8 LED 矩陣 Dice 骰子電路

1. 於 "Quick Start" 視窗內，點選 "Create Project"，其步驟與 1.3.1 章節相同。

2. 於 "PROJECT MANAGER" 視窗內點選 "Add sources"，加入 Top_ArrayLED.v 與 Divider_Clock.v，用來放置所需要之 Verilog 檔。

3. 完成後在 "sources" 視窗中點選 Hierarchy，將 Top_ ArrayLED.v 點開，即可發現程式碼已經完成，如圖 8.4 所示，讀者可直接進行編譯。

```verilog
1    `timescale 1ns / 10ps
2  module Top(
3      input sys_clk_in,
4      input sys_rst_n,
5      output reg [2:0] Scan,
6      output reg [7:0] Data
7   );
```

圖 8.4　8 乘 8 LED Top_ArrayLED 程式碼

```
8
9       wire Scan_clk;
10      wire Counter_clk;
11
12      Divider_Clock #(
13          .Custom_Outputclk_0(),
14          .Custom_Outputclk_1(),
15          .Custom_Outputclk_2()
16      )u_Divider_Clock(
17          .clkin(sys_clk_in),
18          .rst_n(sys_rst_n),
19          .clkout_1K(Scan_clk),
20          .clkout_100(),
21          .clkout_10(),
22          .clkout_1(Counter_clk),
23          .clkout_Custom_0(),
24          .clkout_Custom_1(),
25          .clkout_Custom_2()
26      );
27
28      reg [2：0] state;
29
30      always@(posedge Scan_clk or negedge sys_rst_n) begin
31          if(!sys_rst_n)
32              Scan <= 0;
33          else if(Scan > 6)
34              Scan <= 0;
35          else
36              Scan <= Scan + 1 ;
37      end
38
39      reg [2：0] Count;
40
```

圖 8.4　8 乘 8 LED Top_ArrayLED 程式碼(續)

```verilog
41    always@(posedge Counter_clk or negedge sys_rst_n) begin
42        if(!sys_rst_n)
43            Count <= 0;
44        else if(Count > 5)
45            Count <= 0;
46        else
47            Count <= Count + 1 ;
48    end
49
50    always@(Count or Scan)begin
51        case(Count)
52            8'd0： begin
53                case(Scan)
54                    3'd0： Data = 8'b11111111;
55                    3'd1： Data = 8'b11111111;
56                    3'd2： Data = 8'b11111111;
57                    3'd3： Data = 8'b11100111;
58                    3'd4： Data = 8'b11100111;
59                    3'd5： Data = 8'b11111111;
60                    3'd6： Data = 8'b11111111;
61                    3'd7： Data = 8'b11111111;
62                endcase
63            end
64            8'd1： begin
65                case(Scan)
66                    3'd0： Data = 8'b10011111;
67                    3'd1： Data = 8'b10011111;
68                    3'd2： Data = 8'b11111111;
69                    3'd3： Data = 8'b11111111;
70                    3'd4： Data = 8'b11111111;
71                    3'd5： Data = 8'b11111111;
72                    3'd6： Data = 8'b11111001;
73                    3'd7： Data = 8'b11111001;
```

圖 8.4　8 乘 8 LED Top_ArrayLED 程式碼(續)

```
74          endcase
76        end
77        8'd2： begin
78          case(Scan)
79              3'd0： Data = 8'b10011111;
80              3'd1： Data = 8'b10011111;
81              3'd2： Data = 8'b11111111;
82              3'd3： Data = 8'b11100111;
83              3'd4： Data = 8'b11100111;
84              3'd5： Data = 8'b11111111;
85              3'd6： Data = 8'b11111001;
86              3'd7： Data = 8'b11111001;
87          endcase
88        end
89        8'd3： begin
90          case(Scan)
91              3'd0： Data = 8'b10011001;
92              3'd1： Data = 8'b10011001;
93              3'd2： Data = 8'b11111111;
94              3'd3： Data = 8'b11111111;
95              3'd4： Data = 8'b11111111;
96              3'd5： Data = 8'b11111111;
97              3'd6： Data = 8'b10011001;
98              3'd7： Data = 8'b10011001;
99          endcase
100        end
101        8'd4： begin
102          case(Scan)
103              3'd0： Data = 8'b10011001;
104              3'd1： Data = 8'b10011001;
105              3'd2： Data = 8'b11111111;
106              3'd3： Data = 8'b11100111;
107              3'd4： Data = 8'b11100111;
```

圖 8.4　8 乘 8 LED Top_ArrayLED 程式碼(續)

```verilog
108            3'd5： Data = 8'b11111111;
109            3'd6： Data = 8'b10011001;
110            3'd7： Data = 8'b10011001;
111        endcase
112      end
113   8'd5： begin
114      case(Scan)
115            3'd0： Data = 8'b10011001;
116            3'd1： Data = 8'b10011001;
117            3'd2： Data = 8'b11111111;
118            3'd3： Data = 8'b10011001;
119            3'd4： Data = 8'b10011001;
120            3'd5： Data = 8'b11111111;
121            3'd6： Data = 8'b10011001;
122            3'd7： Data = 8'b10011001;
123        endcase
124      end
125   default： begin
126      case(Scan)
127            3'd0： Data = 8'b11111111;
128            3'd1： Data = 8'b11111111;
129            3'd2： Data = 8'b11111111;
130            3'd3： Data = 8'b11111111;
131            3'd4： Data = 8'b11111111;
132            3'd5： Data = 8'b11111111;
133            3'd6： Data = 8'b11111111;
134            3'd7： Data = 8'b11111111;
135        endcase
136      end
137    endcase
138  end
139
140 endmodule
```

圖 8.4　8 乘 8 LED Top_ArrayLED 程式碼(續)

　　本書以一個簡單的控制電路爲範例，經由計數計輸入來選擇 6 種圖形輸出，輸出至 8 乘 8 LED 矩陣的內容剛好爲不同骰子的點數。一開始先將 EGO1 的 100MHz 輸入時脈除頻至 1kHz 供給列掃描線 Scan 輸出給 3 對 8 解碼器 74HC238 使用，除頻器程式碼請直接引用範例 4.2 的除頻器。然後行掃描線控制 scan 輸出的 Verilog 程式碼在 30 至 37 行，可以爲輸出 LED 骰子圖形的核心控制，clk 掃描速度爲 1kHz。選擇輸出骰子數字的部分是經由 Count 的暫存器計數，頻率爲 1Hz，Count 爲 0 時輸出骰子爲 1 點，Count 爲 1 則爲 2 點，以此類推。

8.1.3　LED 矩陣實作

　　接下來請讀者將共陰極單色 8 乘 8 LED 矩陣與 3 對 8 解碼器 74HC238N 依照圖 8.5 的方式與 EGO1 的 GPIO 排線槽連接。一開始先將 74HC238N 的腳位 16、6 分別接至 3.3V 的輸出電壓腳位，腳位 4、5、8 接 GND。而列掃描線控制輸出的部分分別從腳位 1、2、3 接至 Scan [0]~Scan[2]，將 8 乘 8 LED 矩陣的列 1~8 接至 Data[0]~Data[7]。最後再將解碼出的結果由腳位 7、9~15 接至 8 乘 8 LED 矩陣的列掃描輸入端。

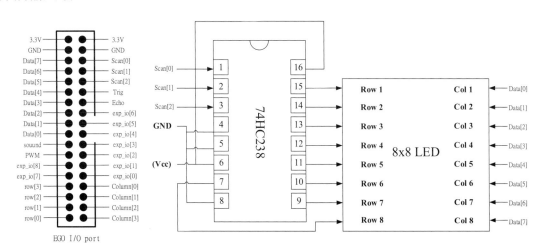

圖 8.5　74HC238 連接至 EGO1 的 I/O 與 LED 矩陣

此範例行掃描線控制圖形內容由 EGO1 的指撥器輸入 SW[2..0]來控制 6 種骰子圖形，分別為擲骰子 1 點至 6 點，而其他狀況都為全暗，如圖 8.6 所示。

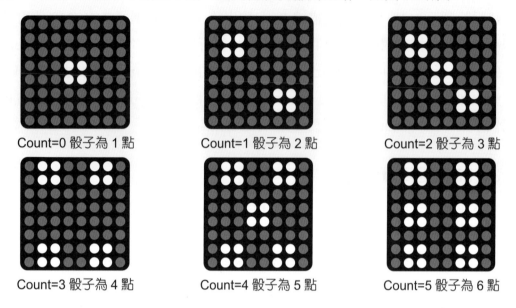

圖 8.6　8 乘 8 LED 矩陣擲骰子控制

8-2　小綠人

接續上一章節的內容，在這邊介紹如何以 8 乘 8 LED 矩陣來顯示持續走動的小綠人交通號誌符號，利用 1Hz 時脈頻率輸入做為切換 8 張小綠人圖案，進而達成走動的效果。

8.2.1　小綠人之電路圖編輯

小綠人 8 乘 8 LED 矩陣設計程序如下，圖 8.7 為其電路：

1. 於"Quick Start"視窗內，點選"Create Project"，其步驟與 1.3.1 章節相同。

2. 於"PROJECT MANAGER"視窗內點選"Add sources"，加入 Top_GreenMan.v 與 Divider_Clock.v，用來放置所需要之 Verilog 檔。

3. 完成後在"sources"視窗中點選 Hierarchy，將 Top_ GreenMan.v 點開，即可發現程式碼已經完成，如圖 8.8 所示，讀者可直接進行編譯。

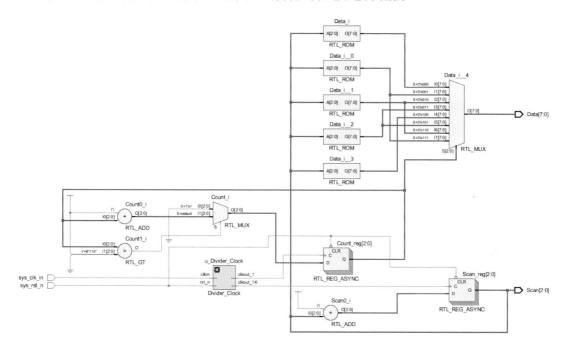

圖 8.7　8 乘 8 LED 矩陣電路(小綠人)

同樣依照 8.1 小節的設計方式，來設計一個小綠人以 1Hz 的速度走動，首先先將 100MHz 的時脈頻率除頻至 1kHz 給掃描線 scan，再將原先圖 8.4 可顯示骰子數字的 VERILOG 程式碼更改為如圖 8.8 所示的內容。

```
1   `timescale 1ns / 10ps
2   module Top(
3        input sys_clk_in,
4        input sys_rst_n,
5        output reg [2:0] Scan,
6        output reg [7:0] Data  // 綠色
7        output reg [7:0] Data1  // 紅色
8   );
9
10       wire Scan_clk;
11       wire Counter_clk;
```

```
12
13      Divider_Clock #(
14          .Custom_Outputclk_0(),
15          .Custom_Outputclk_1(),
16          .Custom_Outputclk_2()
17      )u_Divider_Clock(
18          .clkin(sys_clk_in),
19          .rst_n(sys_rst_n),
20          .clkout_1K(Scan_clk),
21          .clkout_100(),
22          .clkout_10(),
23          .clkout_1(Counter_clk),
24          .clkout_Custom_0(),
25          .clkout_Custom_1(),
26          .clkout_Custom_2()
27      );
28
29      reg [2:0] state;
30
31      always@(posedge Scan_clk or negedge sys_rst_n) begin
32          if(!sys_rst_n)
33              Scan <= 0;
34          else if(Scan > 6)
35              Scan <= 0;
36          else
37              Scan <= Scan + 1 ;
38      end
39
40      reg [2:0] Count;
41
42      always@(posedge Counter_clk or negedge sys_rst_n) begin
43          if(!sys_rst_n)
44              Count <= 0;
```

```
45        else if(Count > 7)
46            Count <= 0;
47        else
48            Count <= Count + 1 ;
49    end
50
51    always@(Count or Scan)begin
52        case(Count)
53            8'd0: begin
54                case(Scan)
55                    3'd0: Data <= 8'b11000111;
56                    3'd1: Data <= 8'b11001111;
57                    3'd2: Data <= 8'b11100111;
58                    3'd3: Data <= 8'b11100111;
59                    3'd4: Data <= 8'b11100111;
60                    3'd5: Data <= 8'b11110111;
61                    3'd6: Data <= 8'b11101011;
62                    3'd7: Data <= 8'b11101011;
63                endcase
64            end
65            8'd1: begin
66                case(Scan)
67                    3'd0: Data <= 8'b11000111;
68                    3'd1: Data <= 8'b11001111;
69                    3'd2: Data <= 8'b11100111;
70                    3'd3: Data <= 8'b11100011;
71                    3'd4: Data <= 8'b11000111;
72                    3'd5: Data <= 8'b11101011;
73                    3'd6: Data <= 8'b11101011;
74                    3'd7: Data <= 8'b11011011;
75                endcase
76            end
77            8'd2: begin
```

```verilog
78                  case(Scan)
79                       3'd0: Data <= 8'b11000111;
80                       3'd1: Data <= 8'b11001111;
81                       3'd2: Data <= 8'b11100011;
82                       3'd3: Data <= 8'b11000101;
83                       3'd4: Data <= 8'b11110111;
84                       3'd5: Data <= 8'b11101011;
85                       3'd6: Data <= 8'b11011011;
86                       3'd7: Data <= 8'b11011101;
87                  endcase
88              end
89          8'd3: begin
90              case(Scan)
91                       3'd0: Data <= 8'b11000111;
92                       3'd1: Data <= 8'b11001111;
93                       3'd2: Data <= 8'b11100011;
94                       3'd3: Data <= 8'b11000101;
95                       3'd4: Data <= 8'b10110110;
96                       3'd5: Data <= 8'b11101011;
97                       3'd6: Data <= 8'b11011101;
98                       3'd7: Data <= 8'b11011101;
99              endcase
100         end
101         8'd4: begin
102             case(Scan)
103                      3'd0: Data <= 8'b11000111;
104                      3'd1: Data <= 8'b11001111;
105                      3'd2: Data <= 8'b11100001;
106                      3'd3: Data <= 8'b11000110;
107                      3'd4: Data <= 8'b10110111;
108                      3'd5: Data <= 8'b11101011;
109                      3'd6: Data <= 8'b11011101;
110                      3'd7: Data <= 8'b10111101;
```

```
111              endcase
112          end
113          8'd5: begin
114              case(Scan)
115                  3'd0: Data <= 8'b11000111;
116                  3'd1: Data <= 8'b11001111;
117                  3'd2: Data <= 8'b11100011;
118                  3'd3: Data <= 8'b11000101;
119                  3'd4: Data <= 8'b10110110;
120                  3'd5: Data <= 8'b11101011;
121                  3'd6: Data <= 8'b11011101;
122                  3'd7: Data <= 8'b11011101;
123              endcase
124          end
125          8'd6: begin
126              case(Scan)
127                  3'd0: Data <= 8'b11000111;
128                  3'd1: Data <= 8'b11001111;
129                  3'd2: Data <= 8'b11100011;
130                  3'd3: Data <= 8'b11000101;
131                  3'd4: Data <= 8'b11110111;
132                  3'd5: Data <= 8'b11101011;
133                  3'd6: Data <= 8'b11011011;
134                  3'd7: Data <= 8'b11011101;
135              endcase
136          end
137          8'd7: begin
138              case(Scan)
139                  3'd0: Data <= 8'b11000111;
140                  3'd1: Data <= 8'b11001111;
141                  3'd2: Data <= 8'b11100111;
142                  3'd3: Data <= 8'b11100011;
143                  3'd4: Data <= 8'b11000111;
```

```
144              3'd5: Data <= 8'b11101011;
145              3'd6: Data <= 8'b11101011;
146              3'd7: Data <= 8'b11011011;
147          endcase
148        end
149      default: begin
150        case(Scan)
151              3'd0: Data <= 8'b11111111;
152              3'd1: Data <= 8'b11111111;
153              3'd2: Data <= 8'b11111111;
154              3'd3: Data <= 8'b11111111;
155              3'd4: Data <= 8'b11111111;
156              3'd5: Data <= 8'b11111111;
157              3'd6: Data <= 8'b11111111;
158              3'd7: Data <= 8'b11111111;
159              3'd0: Data1 <= 8'b11111111;
160              3'd1: Data1 <= 8'b11111111;
161              3'd2: Data1 <= 8'b11111111;
162              3'd3: Data1 <= 8'b11111111;
163              3'd4: Data1 <= 8'b11111111;
164              3'd5: Data1 <= 8'b11111111;
165              3'd6: Data1 <= 8'b11111111;
166              3'd7: Data1 <= 8'b11111111;
167          endcase
168        end
169      endcase
170    end
171
172 endmodule
```

圖 8.8　8 乘 8 LED Green man 程式碼(續)

8.2.2　小綠人之 LED 矩陣實作

　　圖 8.9 為圖 8.8 的 VERILOG 程式碼欲在 8 乘 8 LED 矩陣上顯示的 8 張畫案內容，接著以 1Hz 的速度來計數 8 張圖案來達成走動的效果，實作結果可以發現 8 乘 8 LED 矩陣顯示的內容類似於交通號誌中的小綠人，如圖 8.10 所示。

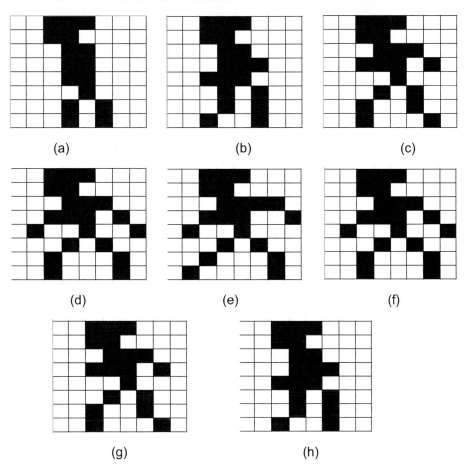

圖 8.9　小綠人動作分解圖

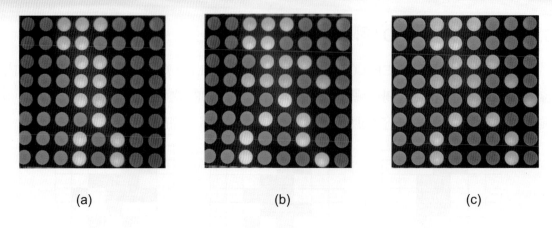

図 8.10　小綠人連續動作圖

8-3　8 乘 8 LED 矩陣增加亮度

在上一章節所中介紹之 8 乘 8LED 矩陣控制電路實驗，讀可應該可以發現當同時亮起之 LED 燈數越多時，LED 燈的亮度則會偏暗，其原因為 74HC238 輸出給 LED 矩陣的列掃描輸入端之電流不足所致，若讀者想使 LED 輸出亮度提高，推薦使用下列之外接電路。

8.3.1 整體電路介紹

圖 8.11 為整體電路圖，首先替代原先列掃描輸入端使用之 74HC238 掃描 IC 為 74LS138，使 3 對 8 解碼器的輸出為低準位，其輸出規格如表 8.3 所示。然後，在解碼出來的訊號進入 8 乘 8LED 矩陣之前使用兩顆 MPQ3906 四通道電晶體藉由外部輸入 5V 電壓重新提高電流，此 IC 內部為 4 顆 PNP 電晶體，其電路圖如圖 8.12 示，PNP 電晶體特性為當基極為低電壓時導通，因此當 PNP 電晶體導通時射極將為外部輸入之 5V 電壓來直接點亮 LED 使亮度提高。

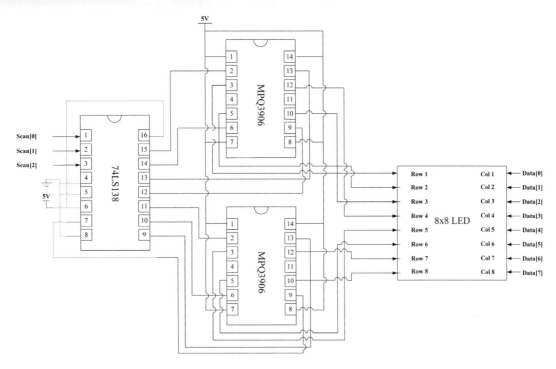

圖 8.11 增加亮度之整體電路圖

表 8.3 74LS138 規格

Inputs					Outputs							
G1	G2(Note 1)	C	B	A	Y0	Y1	Y2	Y3	Y4	Y5	Y6	Y7
X	H	X	X	X	H	H	H	H	H	H	H	H
L	X	X	X	X	H	H	H	H	H	H	H	H
H	L	L	L	L	L	H	H	H	H	H	H	H
H	L	L	L	H	H	L	H	H	H	H	H	H
H	L	L	H	L	H	H	L	H	H	H	H	H
H	L	L	H	H	H	H	H	L	H	H	H	H
H	L	H	L	L	H	H	H	H	L	H	H	H
H	L	H	L	H	H	H	H	H	H	L	H	H
H	L	H	H	L	H	H	H	H	H	H	L	H
H	L	H	H	H	H	H	H	H	H	H	H	L

※   H = 高電位

L = 低電位

X = 不考慮

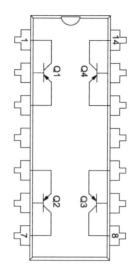

圖 8.12　MPQ3906 四通道 PNP 電晶體內部電路圖

(MPQ3906 PNP SILICON QUAD TRANSISTOR)

8-4　練習題

8.4.1　擲骰子

請參照本章 8.1 節控制 8 乘 8 LED 矩陣顯示骰子的方式，搭附錄 1-D 的亂數產生器，當壓下按鈕時隨機擲出一個數子。

8.4.2　紅綠燈

請參照本章 8.2 節控制 8 乘 8 LED 矩陣顯示小綠人的方式，增加一個暫停的小綠人畫面，並配合秒數計數器實現一個行人用的紅綠燈，紅燈時小綠人暫停，綠燈時小綠人持續走動。

Chapter 9

VGA 輸出控制

9-1 VGA 控制訊號

本章節介紹如何控制 EGO1 經由 VGA 輸出一個簡單的方塊移動範例,並於內文中介紹VGA訊號的規格與如何以Verilog程式碼輸出正確的水平掃描線訊號與垂直掃描線訊號供給 EGO1 的 VGA 輸出使用。

9.1.1 VGA 時序規格

視訊圖形陣列(Video Graphics Array,VGA)是 IBM 於 1987 年提出的一個使用類比訊號的電腦顯示標準。雖然這個早期個人電腦市場的視訊標準相對於現今的移動手持裝置已經十分過時。即使如此,VGA 仍然是最多製造商所共同支援的一個標準,個人電腦在載入自己的獨特驅動程式之前,都必須支援 VGA 的標準。例如,微軟 Windows 系列產品的開機畫面仍然使用 VGA 顯示模式。後來,VGA 電腦顯示標準由視訊電子標準協會(Video Electronics Standards Association,VESA)於 1989重新制定為 SXGA 標準,並支援高彩與多種高解析度畫面輸出。其後,VESA 亦公告一系列的個人電腦視訊週邊功能的相關標準,例如 DVI、HDMI、Display Port。

由於早期 CRT 顯示器掃描方式為逐行掃描：逐行掃描是掃描從螢幕左上角一點開始，從左向右逐點掃描，每掃描完一行，每電子槍會回到 CRT 螢幕的左邊下一行的起始位置，在這期間，CRT 會對電子束進行關閉動作，每行結束時，重新與水平掃描線訊號進行同步；當掃描完所有的行，形成一幅畫面，並重新與垂直掃描線訊號進行場同步，並使電子束回到螢幕左上方，開始下一幅畫面。

水平掃描線訊號是針對舊式 CRT 顯示器的成像掃描電路的關閉電子束射出之同步需求，為了要向下相容，即便是現在數位液晶顯示器亦支援此動作。由於 CRT 電子槍所發出的電子束從螢幕的左上角開始向右掃描，一行掃完需將電子槍從右邊移回到左邊以便掃描第二行。在移動期間就必需要有一個信號送到控制電路板上，使電子束關閉，不然這個回歸動作會破壞整個螢幕成像。我們把這個關閉電子束的信號叫作水平掃描線訊號(HSYNC)，垂直描線訊號(VSYNC)也是同一個原理。

完成一行掃描的時間稱為水平掃描時間，其倒數稱為水平掃描頻率；完成一幅畫面掃描的時間稱為垂直掃描時間，其倒數稱為垂直掃描頻率，即刷新一幅畫面的頻率，常見的有 60Hz，75Hz 等等。標準的 VGA 顯示的垂直掃描頻率為 60Hz，水平掃描頻率為 31.5KHz。對照表 9.1 的常見 VGA 時序參數，假設目前解析度為 640x480@60Hz 垂直掃描頻率為 60Hz，並參考圖 9.1 的水平與垂直掃描訊號週期，我們可以發現每一張畫面對應到 525 個垂直掃描週期(525=10+2+480+33),其中 480 週期為有效顯示區(VBLANK="1")。每張畫面的垂直同步信號，該脈衝寬度為 2 個週期，用以關閉電子束(VSYNC="0")，垂直同步信號前後有 Front Proch 與 Back Proch 的保護周期，各有 11 週期與 32 週期。每個掃描行包括 800 個水平掃描週期，其中 640 週期為有效顯示區(HBLANK="1")，每一個水平行有一個水平同步信號，該脈衝寬度為 96 個週期，用以關閉電子束(HSync="0")，水平同步信號前後有 Front Proch 與 Back Proch 的保護周期，各有 16 週期與 48 週期。由此可知：水平掃描時脈頻率為 525×60=31.5kHz，輸出每張 640x480 畫面需要給時脈頻率輸入約為 525×800×60=25.2MHz。

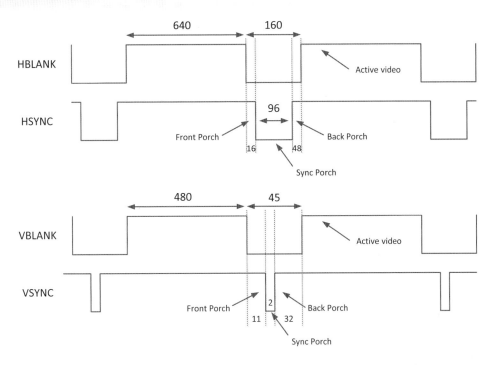

圖 9.1　VGA 掃描線訊號時序 (解析度 640x480@60Hz，畫面更新頻率 60Hz)

表 9.1　VGA 主要規格

Format	Pixel Clock (MHz)	Horizontal (in Pixels)				Vertical (in Lines)			
		Active Video	Front Porch	Sync Porch	Back Porch	Active Video	Front Porch	Sync Porch	Back Porch
640x480@60Hz	25.18	640	16	96	48	480	10	2	33
640x480@72Hz	31.50	640	16	40	120	480	9	3	28
640x480@75Hz	31.50	640	16	64	120	480	1	3	16
640x480@85Hz	36.00	640	56	56	80	480	1	3	25
800x600@60Hz	40.00	800	40	128	88	600	1	4	23
800x600@72Hz	50.00	800	56	120	64	600	37	6	23
800x600@75Hz	49.50	800	16	80	160	600	1	3	21
800x600@85Hz	56.25	800	32	64	152	600	1	3	27
832x624@75Hz	55.00	832	32	96	160	624	0	4	45
1024x768@60Hz	65.00	1024	24	136	160	768	3	6	29
1024x768@70Hz	75.00	1024	24	136	144	768	3	6	29
1024x768@75Hz	78.75	1024	16	96	176	768	1	3	28
1024x768@85Hz	94.50	1024	48	96	208	768	1	3	36

表 9.1　VGA 主要規格(續)

Format	Pixel Clock (MHz)	Horizontal (in Pixels)				Vertical (in Lines)			
		Active Video	Front Porch	Sync Porch	Back Porch	Active Video	Front Porch	Sync Porch	Back Porch
1280x1024@60Hz	108.00	1280	48	112	248	1024	1	3	38
1280x1024@75Hz	135.00	1280	16	144	248	1024	1	3	38
1280x1024@76Hz	135.00	1280	32	64	288	1024	2	8	32

9.1.2　電路圖編輯 VGA

方塊移動 VGA 設計程序如下：

1.　於 "Quick Start" 視窗內，點選 "Create Project"，其步驟與 1.3.1 章節相同。

2.　於 "PROJECT MANAGER" 視窗內點選 "Add sources"，加入 Dirider_clock.v、VGA_controll.v、top_vga.v、Pattern.v，用來放置所需要之 Verilog 檔。

3.　完成後在 "sources" 視窗中點選 Hierarchy，將 Top_vga.v 點開，即可發現程式碼電路架構，如圖 9.2 所示，讀者可直接進行編譯。

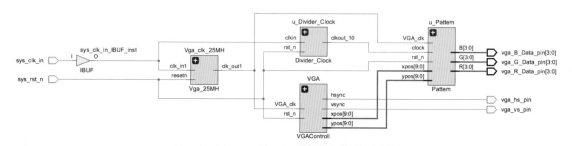

圖 9.2　VGA 視頻圖形陣列整體電路圖

　　由於在這邊所示範的解析度為 640x480@60Hz，依照表 9.1 中所敘述 VGA 時序規格，在這邊我們需給予 VGA 控制器 25.2MHz 的頻率時脈輸入，故須將 EGO 提供之 100MHz 頻率時脈交給內建的 PLL IP 以達到特定的頻率，其步驟與 4 章節相同。圖 9.3 為 VGA 時序控制器 Veroilg 程式碼，其中第 11 列到 16 列依照表 9.1 將所需之時序輸出規格先設定完成，其關係如表 9.2 所示。第 21 到 29 列與第 41 到 49 列為水平掃描線訊號的輸出控制，第 31 到 39 列與第 51 到 59 列為垂直掃描線訊號的輸出控制，參照圖 9.1 時序控制關係來輸出視訊掃描行列之波形。若讀者需控制其他解析度，可自行依照需求並參照表 9.1 進行修改。以 800x600@72Hz 為例，其關係如表 9.3 所示，先將輸入頻率由 25.2MHz 修改為 50MHz，然後再把再第 11 列到 16 列的參數修改為表 9.3 的數值即可修改解析度。

```verilog
1    `timescale 1ns / 1ps
2    module VGAControll(
3            input   VGA_clk,
4            input   rst_n,
5            output  reg hsync,
6            output  reg vsync,
7            output  [9:0] xpos,
8            output  [9:0] ypos
9        );
10
11       parameter H_sync_end = 96;
12       parameter V_sync_end = 2;
13       parameter H_sysc_Total = 800;
14       parameter V_sysc_Total = 525;
15       parameter H_Show_Start = 144;
16       parameter V_Show_Start = 35;
17
18       reg [10:0]  x_cnt;
19       reg [9:0]   y_cnt;
20
21       always@(posedge VGA_clk or negedge rst_n)
22       begin
23          if(!rst_n)
24              x_cnt <= 11'd0;
25          else if(x_cnt == H_sysc_Total)
26              x_cnt <= 11'd0;
27          else
28              x_cnt <= x_cnt + 1'b1;
```

圖 9.3　VGA 控制器程式碼

```verilog
29          end
30
31      always@(posedge VGA_clk or negedge rst_n)
32      begin
33          if(!rst_n)
34              y_cnt <= 10'd0;
35          else if(y_cnt == V_sysc_Total)
36              y_cnt <= 10'd0;
37          else if(x_cnt == H_sysc_Total)
38              y_cnt <= y_cnt + 1'b1;
39      end
40
41      always@(posedge VGA_clk or negedge rst_n)
42      begin
43          if(!rst_n)
44              hsync <= 1'b0;
45          else if(x_cnt == 11'd0)
46              hsync <= 1'b0;
47          else if(x_cnt == H_sync_end)
48              hsync <= 1'b1;
49      end
50
51      always@(posedge VGA_clk or negedge rst_n)
52      begin
53          if(!rst_n)
54              vsync <= 1'b0;
55          else if(y_cnt == 11'd0)
56              vsync <= 1'b0;
57          else if(y_cnt == V_sync_end)
58              vsync <= 1'b1;
59      end
60
61      assign xpos = x_cnt - H_Show_Start;
```

圖 9.3　VGA 控制器程式碼(續)

```
62      assign ypos = y_cnt - V_Show_Start;
63
64   endmodule
```

圖 9.3　VGA 控制器程式碼(續)

表 9.2　640x480@60Hz 解析度設定

Format	640x480, 60Hz	
Clkin	25.2MHz	
H_sync_end	96	(Sync Porch)
H_sync_Total	800	(Action + Front + Sync + Back Porch)
H_sync_Start	144	(Sync + Back Porch)
V_sync_end	2	(Sync Porch)
V_sync_Total	525	(Action + Front + Sync + Back Porch)
V_sync_Start	35	(Sync + Back Porch)

表 9.3　800x600@72Hz 解析度設定

Format	800x600, 72Hz	
Clkin	50MHz	
H_sync_end	120	(Sync Porch)
H_sync_Total	1040	(Action + Front + Sync + Back Porch)
H_sync_Start	184	(Sync + Back Porch)
V_sync_end	6	(Sync Porch)
V_sync_Total	666	(Action + Front + Sync + Back Porch)
V_sync_Start	29	(Sync + Back Porch)

Pattern 模組可用 X 與 Y 座標的輸入來產生圖像輸出，若解析度為 640x480，則 X 軸有 640 個點，Y 軸有 480 個點，以左上角做為座標之零點。此範例之方塊初始位置為(100，100)到(200，200)之長、寬各 100 的正方形，且每次依計數器輸入的值移動 X 與 Y 座標的位置，使方塊往右下角移動。EGO 開發版上的三元色通道為 4 為元長度，所以當 RGB 三元色都給予 16 時，方塊會呈現白色，若都為 0 時則是黑色，若是設成 R=4'hf，B=4'h0，G=4'h0 則為紅色，其他顏色以此類推。圖 9.4 為 Pattern 模組的 Verilog 程式碼，當 VGAControll 模組所詢問某個位置的像素

值(X 軸為 x_cnt，Y 軸為 y_cnt)有任何變化時，則依照當下計數器模組所輸入的值來決定目前圖形的位置，並輸出該點的像素值。

```verilog
1   `timescale 1ns / 1ps
2   module Pattern(
3       input VGA_clk,
4       input clock,
5       input rst_n,
6       input [9:0] xpos,
7       input [9:0] ypos,
8       output [3:0] R,
9       output [3:0] G,
10      output [3:0] B
11      );
12
13      reg [3:0] r,g,b;
14      reg [9:0] counter;
15
16      always@(posedge clock or negedge rst_n)
17      begin
18         if(!rst_n)
19             counter <= 0;
20         else begin
21             if(counter > 280)
22                 counter <= 0;
23             else
24                 counter <= counter + 1;
25         end
26      end
27
28      always@(posedge VGA_clk or negedge rst_n) begin
29         if(!rst_n)begin
```

圖 9.4   Pattern 圖形範例程式碼

```
30          r <= 4'h0;
31          g <= 4'h0;
32          b <= 4'h0;
33       end
34       else begin
35          r <= ( (xpos > (100 + counter)) &&
                   (xpos <= (200 + counter)) &&
                   (ypos > (100 + counter)) &&
                   (ypos <= (200 + counter)) ) ? 4'hf : 4'h0;
36       end
37     end
38
39     assign R = r;
40     assign G = g;
41     assign B = b;
42
43 endmodule
```

圖 9.4　Pattern 圖形範例程式碼(續)

　　由於此範例畫面輸出 Y 座標最大範圍為 480，而圖形的 Y 座標最大值為 200，因此計數器最高只能數到 280，以免方塊超出顯示器的顯示範圍。而本書設定計數器每一周期加 1，使紅色方塊每周期向右方移動 1 個像素位置。而時脈的部分則是將 EGO 提供之 100MHz 除頻至 10Hz，使計數器每 0.1 秒加一次，我們也可以視為方塊每 0.1 秒移動一次。

9.1.3　VGA 圖形輸出實作

　　紅色方塊一開始出現在左上方，之後以每 0.1 秒移動往右下方慢慢移動，如圖 9.6 所示。若是將輸入像素頻率修改為 50Mhz，並參照表 9.3 中解析度為 800x600@72Hz 的參數設定，可以發現出來得到的方塊較小，這是因為顯示解析度提高了。

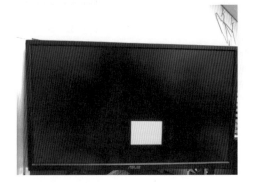

(a)方塊一開始在左上角 640x480@60Hz　　　　(b)方塊慢慢移動到右下角 640x480@60Hz

圖 9.6　VGA 輸出結果

9-2　練習題

9.2.1　改變移動方向

　　參照 9.1 所描述的範例，使方塊沿著螢幕邊緣不斷的移動。

9.2.2　改變顏色及圖案

　　承上題，試著劃出不同顏色與不同形狀之圖案。

Chapter 10

專題設計

10-1 音樂盒

本專題將利用除頻器將 EGO 開發版所提供之 100MHz 時脈頻率輸入除頻至特定頻率輸出給蜂鳴器,使蜂鳴器發出 DO、RE、MI.....共 14 個音階,並利用狀態機依序給予特定順序音階發聲,使音樂盒能夠播放出一首"小蜜蜂"歌曲。

10.1.1 音樂盒電路圖

音樂盒設計程序如下:

1. 於"Quick Start"視窗內,點選"Create Project",其步驟與 1.3.1 章節相同。

2. 於"PROJECT MANAGER"視窗內點選"Add sources",加入 Top_Music.v、SoundGenerator.v 與 MusicBox.v。用來放置所需要之 Verilog 檔。

3. 完成後在"sources"視窗中點選 Hierarchy,將 Top_Music.v 點開,即可發現程式碼已經完成,如圖 10.1 所示,讀者可直接進行編譯。

```verilog
1    `timescale 1ns / 1ps
2
3    module Top(
4          input    sys_clk_in,
5          input    sys_rst_n,
6          input    [7:0]   Sw_Pin,
7          output reg   sound
8       );
9
10      parameter    High_DO_Divider_Counter = 47801;
11      parameter    High_RE_Divider_Counter = 42589;
12      parameter    High_MI_Divider_Counter = 37936;
13      parameter    High_FA_Divider_Counter = 35816;
14      parameter    High_SO_Divider_Counter = 31887;
15      parameter    High_LA_Divider_Counter = 28409;
16      parameter    High_SI_Divider_Counter = 25510;
17
18      wire HDO,HRE,HMI,HFA,HSO,HLA,HSI,DO,RE,MI,FA,SO,LA,SI;
19
20      SoundGenerator #(
21          .Divider_Counter(High_DO_Divider_Counter)
22      )High_DO(
23          .clk(sys_clk_in),
24          .rts(sys_rst_n),
25          .Sound(HDO)
26      );
27
28      SoundGenerator #(
29          .Divider_Counter(High_RE_Divider_Counter)
30      )High_RE(
31          .clk(sys_clk_in),
32          .rts(sys_rst_n),
33          .Sound(HRE)
```

圖 10.1　音樂盒程式碼

```
34          );
35
36          SoundGenerator #(
37              .Divider_Counter(High_MI_Divider_Counter)
38          )High_MI(
39              .clk(sys_clk_in),
40              .rts(sys_rst_n),
41              .Sound(HMI)
42          );
43
44          SoundGenerator #(
45              .Divider_Counter(High_FA_Divider_Counter)
46          )High_FA(
47              .clk(sys_clk_in),
48              .rts(sys_rst_n),
49              .Sound(HFA)
50          );
51
52          SoundGenerator #(
53              .Divider_Counter(High_SO_Divider_Counter)
54          )High_SO(
55              .clk(sys_clk_in),
56              .rts(sys_rst_n),
57              .Sound(HSO)
58          );
59
60          SoundGenerator #(
61              .Divider_Counter(High_LA_Divider_Counter)
62          )High_LA(
63              .clk(sys_clk_in),
64              .rts(sys_rst_n),
65              .Sound(HLA)
66          );
```

圖 10.1　音樂盒程式碼(續)

```verilog
67
68      SoundGenerator #(
69          .Divider_Counter(High_SI_Divider_Counter)
70      ) High_SI (
71          .clk(sys_clk_in),
72          .rts(sys_rst_n),
73          .Sound(HSI)
74      );
75
76      SoundGenerator #(
77          .Divider_Counter(High_DO_Divider_Counter/2)
78      ) _DO (
79          .clk(sys_clk_in),
80          .rts(sys_rst_n),
81          .Sound(DO)
82      );
83
84      SoundGenerator #(
85          .Divider_Counter(High_RE_Divider_Counter/2)
86      ) _RE (
87          .clk(sys_clk_in),
88          .rts(sys_rst_n),
89          .Sound(RE)
90      );
91
92      SoundGenerator #(
93          .Divider_Counter(High_MI_Divider_Counter/2)
94      ) _MI (
95          .clk(sys_clk_in),
96          .rts(sys_rst_n),
97          .Sound(MI)
98      );
99
```

圖 10.1　音樂盒程式碼(續)

```
100        SoundGenerator #(
101            .Divider_Counter(High_FA_Divider_Counter/2)
102        )_FA(
103            .clk(sys_clk_in),
104            .rts(sys_rst_n),
105            .Sound(FA)
106        );

107
108        SoundGenerator #(
109            .Divider_Counter(High_SO_Divider_Counter/2)
110        )_SO(
111            .clk(sys_clk_in),
112            .rts(sys_rst_n),
113            .Sound(SO)
114        );

115
116        SoundGenerator #(
117            .Divider_Counter(High_LA_Divider_Counter/2)
118        )_LA(
119            .clk(sys_clk_in),
120            .rts(sys_rst_n),
121            .Sound(LA)
122        );

123
124        SoundGenerator #(
125            .Divider_Counter(High_SI_Divider_Counter/2)
126        )_SI(
127            .clk(sys_clk_in),
128            .rts(sys_rst_n),
129            .Sound(SI)
130        );

131
132        wire [3：0] song;
```

圖 10.1　音樂盒程式碼(續)

```
133
134      MusicBox MusicBox(
135          .clk(sys_clk_in),
136          .rst(sys_rst_n),
137          .Sw_PIN(Sw_Pin[0]),
138          .Song(song)
139      );
140
141      always@(Song) begin
142          case(song)
143              4'b0000：
144                  sound = HDO;
145              4'b0001：
146                  sound = HRE;
147              4'b0010：
148                  sound = HMI;
149              4'b0011：
150                  sound = HFA;
151              4'b0100：
152                  sound = HSO;
153              4'b0101：
154                  sound = HLA;
155              4'b0110：
156                  sound = HSI;
157              4'b0111：
158                  sound = DO;
159              4'b1000：
160                  sound = RE;
161              4'b1001：
162                  sound = MI;
163              4'b1010：
164                  sound = FA;
165              4'b1011：
```

圖 10.1　音樂盒程式碼(續)

```
166              sound = SO;
167          4'b1100:
168              sound = LA;
169          4'b1101:
170              sound = SI;
171          default:
172              sound = 0;
173      endcase
174    end
175
176 endmodule
```

圖 10.1　音樂盒程式碼(續)

　　首先先將 EGO1 開發版上所提供之 100MHz 時脈輸入訊號除頻至 10Hz，使音樂盒能夠以每 0.1 秒的速度播放出一個音階，讀者可依歌曲的快慢自行決定使用除頻器的除頻快慢，而除頻器之程式碼先前已經說明過，因此不再加以重複描述。其中控制音階發聲高低的部分由多組除頻器與一個多工器所組成，如圖 10.2 所示，每一個音階所需要除的頻率則列在表 10.1 之中。

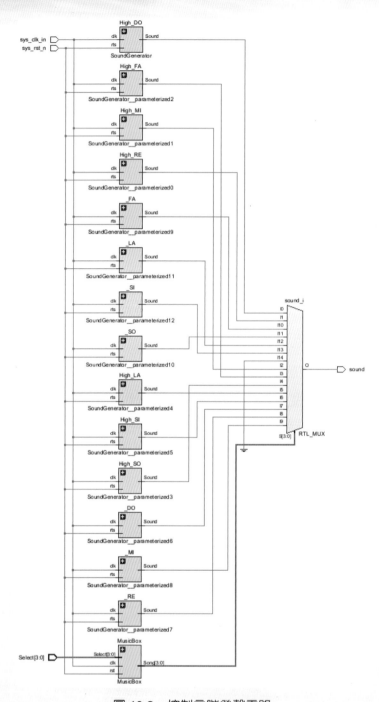

圖 10.2　控制音階發聲電路

表 10.1　發聲音階與除頻器的關係

音階	除頻器倍數	音階	除頻器倍數
DO	23900	Hi-DO	47801
RE	21295	Hi-RE	42589
MI	18968	Hi-MI	37936
FA	17908	Hi-FA	35816
SO	15944	Hi-SO	31887
LA	14205	Hi-LA	28409
SI	12755	Hi-SI	25510

14 個音階頻率經由除頻器處理過後會送到 141 行到 171 行模塊，經由輸入訊號 song 來決定所要輸出的音階，輸入選擇訊號 S 與音階的關係則如表 10.2 所示。

表 10.2　輸入選擇訊號 song 與輸出音階的對照表

選擇訊號 song	輸出之音階	選擇訊號 song	輸出之音階
0	Hi-DO	7	DO
1	Hi-RE	8	RE
2	Hi-MI	9	MI
3	Hi-FA	10	FA
4	Hi-SO	11	SO
5	Hi-LA	12	LA
6	Hi-SI	13	SI

回到圖 10.2 電路圖，模組 musicbox 內紀錄了"小蜜蜂"的歌譜，其 Verilog 程式碼狀態機對照小蜜蜂的音階關係如下：

歌譜	SO	MI	MI	·	FA	RE	RE	·	DO	RE	MI	FA	SO	SO	SO	·	
數字	5	3	3		4	2	2		1	2	3	4	5	5	5		
歌譜	SO	MI	MI		FA	RE	RE		DO	MI	SO	SO	MI				
數字	5	3	3		4	2	2		1	3	5	5	3				
歌譜	RE	RE	RE	RE		RE	MI	FA		MI	MI	MI	MI		MI	FA	SO
數字	2	2	2	2		2	3	4		3	3	3	3		3	4	5
歌譜	SO	MI	MI		FA	RE	RE		DO	MI	SO	SO	DO				
數字	5	3	3		4	2	2		1	3	5	5	1				

```verilog
1    module  MusicBox(
2         input   clk,
3         input   rst,
4         input     [3:0]   Sw_Pin,
5         output reg [3:0]   Song
6      );
7
8      //State Machine
9      parameter   HDO = 4'd0, HRE = 4'd1, HMI = 4'd2, HFA = 4'd3, HSO =
10   4'd4, HLA = 4'd5, HSI = 4'd6,
11               DO = 4'd7, RE = 4'd8, MI = 4'd9, FA = 4'd10, SO = 4'd11,
12   LA = 4'd12, SI = 4'd13, stop = 4'd14;
13
14
15     reg [24:0] Counter;
16     reg clock;
17
18
19     //10Hz
20     always@(posedge clk or negedge rst) begin
21        if(!rst)
22           clock = 0;
23        else begin
24           if(Counter > 9_999_999)begin
25              Counter = 0;
26              clock = ~clock;
27           end else begin
28              Counter = Counter + 1;
29              clock = clock;
30           end
31        end
32     end
33
```

圖 10.3　小蜜蜂音譜(續)

```
34
35      //Song little bee
36      reg [6：0] step;
37
38      always@(posedge clock or negedge rst) begin
39          if(!rst) begin
40              Song = Stop;
41              step = 0;
42          end else begin
43              if(Sw_Pin == 0) begin
44                  Song = Stop;
45                  step = 0;
46              end else begin
47                  if(step > 67)
48                      step <= 0;
49                  else
50                      step <= step + 1;
51
52                  case(step)
53                      7'd0    ： Song = SO;
54                      7'd1    ： Song = MI;
55                      7'd2    ： Song = MI;
56                      7'd3    ： Song = stop;
57                      7'd4    ： Song = FA;
58                      7'd5    ： Song = RE;
59                      7'd6    ： Song = RE;
60                      7'd7    ： Song = stop;
61                      7'd8    ： Song = DO;
62                      7'd9    ： Song = RE;
63                      7'd10   ： Song = MI;
64                      7'd11   ： Song = FA;
65                      7'd12   ： Song = SO;
66                      7'd13   ： Song = SO;
```

圖 10.3　小蜜蜂音譜(續)

```
67            7'd14    :  Song = SO;
68            7'd15    :  Song = stop;
69            7'd16    :  Song = stop;
70
71            7'd17    :  Song = SO;
72            7'd18    :  Song = MI;
73            7'd19    :  Song = MI;
74            7'd20    :  Song = stop;
75            7'd21    :  Song = FA;
76            7'd22    :  Song = RE;
77            7'd23    :  Song = RE;
78            7'd24    :  Song = stop;
79            7'd25    :  Song = DO;
80            7'd26    :  Song = MI;
81            7'd27    :  Song = SO;
82            7'd28    :  Song = SO;
83            7'd29    :  Song = MI;
84            7'd30    :  Song = stop;
85            7'd31    :  Song = stop;
86            7'd32    :  Song = stop;
87            7'd33    :  Song = stop;
88
89            7'd34    :  Song = RE;
90            7'd35    :  Song = RE;
91            7'd36    :  Song = RE;
92            7'd37    :  Song = RE;
93            7'd38    :  Song = stop;
94            7'd39    :  Song = RE;
95            7'd40    :  Song = MI;
96            7'd41    :  Song = FA;
97            7'd42    :  Song = stop;
98            7'd43    :  Song = MI;
99            7'd44    :  Song = MI;
```

圖 10.3　小蜜蜂音譜(續)

```
100              7'd45  :  Song = MI;
101              7'd46  :  Song = MI;
102              7'd47  :  Song = stop;
103              7'd48  :  Song = MI;
104              7'd49  :  Song = FA;
105              7'd50  :  Song = SO;
106
107              7'd51  :  Song = SO;
108              7'd52  :  Song = MI;
109              7'd53  :  Song = MI;
110              7'd54  :  Song = stop;
111              7'd55  :  Song = FA;
112              7'd56  :  Song = RE;
113              7'd57  :  Song = RE;
114              7'd58  :  Song = stop;
115              7'd59  :  Song = DO;
116              7'd60  :  Song = MI;
117              7'd61  :  Song = SO;
118              7'd62  :  Song = SO;
119              7'd63  :  Song = DO;
120              7'd64  :  Song = stop;
121              7'd65  :  Song = stop;
123              7'd66  :  Song = stop;
124              7'd67  :  Song = stop;
125              default :  Song = stop;
126          endcase
127        end
128      end
129    end
130
131 endmodule
```

圖 10.3　小蜜蜂音譜(續)

由於 EGO 開發版沒有內建蜂鳴器，在這邊本書所使用之外接蜂鳴器為電磁式，其原理是利用通電時將金屬振動膜吸下，不通電時依振動膜的彈力彈回，並以 1/2 個方波作為驅動，其蜂鳴器與 GPIO 接腳連接方法如圖 10.4 所示。

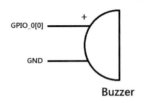

圖 10.4　蜂鳴器與 EGO 開發版 GPIO 接腳關係

10-2　數位時鐘

接下來將為讀者介紹如何設計一個簡易數位時鐘，藉由將 EGO1 開發版所提供之 100MHz 之頻率時脈除頻得到 1Hz 時脈(也就是一秒)，給予數 86400 計數器當作計時，模擬時鐘計時"秒"、"分"與"時"的功能，最後再將結果輸出給八個七段顯示器，完成一個簡易之數位時鐘設計專題。

10.2.1　數位時鐘電路圖

時鐘設計程序如下，圖 10.5 為其電路：

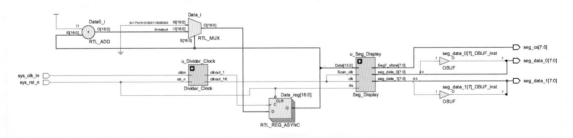

圖 10.5　時鐘之整體電路

1. 於"Quick Start"視窗內，點選"Create Project"，其步驟與 1.3.1 章節相同。

2. 於"PROJECT MANAGER"視窗內點選"Add sources"，加入 Top_clock.v、Divider_Clock.v、Seg_Display.v 與 hex_seg7.v。用來放置所需要之 Verilog 檔。

3. 完成後在"sources"視窗中點選 Hierarchy，將 Top_clock.v 點開，即可發現程式碼已經完成，如圖 10.6 所示，讀者可直接進行編譯。

```verilog
module Top(
        input sys_clk_in,
        input sys_rst_n,
        output [7:0] seg_cs,
        output [7:0] seg_data_0,
        output [7:0] seg_data_1
    );

    wire clkout_1HZ;
    wire clkout_1kHZ;
    wire [3:0] CountNumber;

    Divider_Clock #(
        .Custom_Outputclk_0(),
        .Custom_Outputclk_1(),
        .Custom_Outputclk_2()
    )u_Divider_Clock(
        .clkin(sys_clk_in),
        .rst_n(sys_rst_n),
        .clkout_1K(clkout_1kHZ),
        .clkout_100(),
        .clkout_10(),
        .clkout_1(clkout_1HZ),
        .clkout_Custom_0(),
        .clkout_Custom_1(),
        .clkout_Custom_2()
    );

    reg [16:0] Data;
```

圖 10.6　數位時鐘程式碼

```
30
31      always@(posedge clkout_1HZ or negedge sys_rst_n)begin
32          if(!sys_rst_n)
33              Data <= 0;
34          else begin
35              if(Data == 86400)
36                  Data <= 0;
37              else
38                  Data <= Data + 1;
39          end
40      end
41
42      Seg_Display u_Seg_Display(
43          .Scan_clk(clkout_1kHZ),
44          .clk(clkout_1kHZ),
45          .rts(sys_rst_n),
46          .Data(Data),
47          .Seg7_show(seg_cs),
48          .seg_data_0(seg_data_0),
49          .seg_data_1(seg_data_1)
50      );
51  endmodule
```

圖 10.6   數位時鐘程式碼(續)

其中時間的計數由 Data 以 1Hz 計數至 86400，在經過拆解之後換算成時-分-秒的數值顯示到七段顯示器上，其拆解的 verilog 如圖 10.7 所示。而七段顯示器的 Verilog 程式碼同第 5 章節，在此不加以重複描述。

```
1   Hour_1 <= (Data / 3600)/10;
2   Hour_0 <= (Data / 3600)%10;
3   Min_1 <= ((Data - ((Data / 3600)*3600))/60)/10;
4   Min_0 <= ((Data - ((Data / 3600)*3600))/60)%10;
```

圖 10.7   數 84600 拆解式

```
5   Sec_1 <= (Data - ((Data / 3600)*3600) - (((Data - ((Data /
6   3600)*3600))/60)*60))/10;
7   Sec_0 <= (Data - ((Data / 3600)*3600) - (((Data - ((Data /
8   3600)*3600))/60)*60))%10;
9
10  // Hour_1 <= Hour_0/10;
11  // Hour_0 <= Data / 3600;
12  // Min_1 <= Min_0/10;
13  // Min_0 <= (Data - (Hour_0*3600))/60;
14  // Sec_1 <= Data - (Hour_0*3600) - (Min_0*60)/10;
15  // Sec_0 <= Data - (Hour_0*3600) - (Min_0*60);
```

圖 10.7　數 84600 拆解式(續)

10.2.2　數位時鐘之實作結果

將 Verilog 程式燒錄到 EGO 後，時鐘會開始計數，如圖 10.8 所示。

圖 10.8　時鐘正常計數

10-3 閃子彈遊戲

本章節將利用第 9 章所介紹之 VGA 控制器來完成一個閃物件遊戲設計專題。在這邊我們使用 EGO 之按鈕決定人物上或下位置，來閃避來襲的物件，若物件碰觸到人物結束遊戲。

10.3.1　閃子彈遊戲電路圖

閃子彈遊戲設計程序如下，圖 10.9 為其電路：

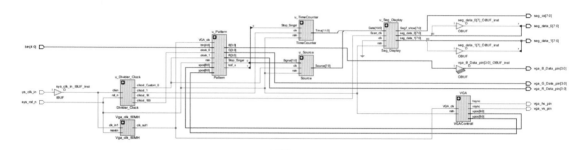

圖 10.9　閃子彈遊戲整體電路圖

1. 於 "Quick Start" 視窗內，點選 "Create Project"，其步驟與 1.3.1 章節相同。

2. 於 "PROJECT MANAGER" 視窗內點選 "Add sources"，加入 Top.v、Divider_Clock.v、VGAControll.v、Patterm.v、TimeCounter.v、Source.v、Seg_Display.v 與 hex_seg7.v。用來放置所需要之 Verilog 檔。

3. 完成後在 "sources" 視窗中點選 Hierarchy，將 Top_clock.v 點開，即可發現程式碼已經完成，如圖 10.10 所示，讀者可直接進行編譯。

由於 VGA 輸出控制原理與程式碼在第九章已詳細介紹，故在此不在多加描述，而閃子彈遊戲主要控制部分在 Patterm 模組，Verilog 程式碼如圖 10.10 所示，當 VGA 輸出為 800x640@60Hz，第 29 到 50 列隨機產生出變數給物件產生位置，第 78 到 105 列是物件產生位置的部分，第 108 到第 110 則是判斷人物是否與物件相撞，最後第 113 到 168 列則是畫出圖形。

```
1    `timescale 1ns / 1ps
2    module Pattern(
3          input VGA_clk,
4          input clock_0,
5          input clock_1,
6          input rstn,
7          input [9 : 0] xpos,
8          input [9 : 0] ypos,
9          input [4 : 0] btn,
10         output torf_x,
11         output Stop_Singal,
12         output reg [3 : 0] R,
13         output reg [3 : 0] G,
14         output reg [3 : 0] B
15     );
16
17     reg [9 : 0] counter_x;
18     reg [9 : 0] counter_y = 70;
19     reg torf_x;
20
21     parameter Seed = 10'b1000100110;
22     parameter   BTN_0 = 5'b00001, BTN_1 = 5'b00010, BTN_2 = 5'b00100,
23             BTN_3 = 5'b01000, BTN_4 = 5'b10000;
24     //Random
25     reg [13 : 0] Random,Random_Next;
26     reg [8 : 0] Random_Done = 0;
27     reg [3 : 0] counter = 0,counter_Next = 0;
28
29     initial begin
30         Random = 14'b11_1010_0010_1111;
31     end
32
33     wire feebback = Random[13]^Random[9]^Random[5]^Random[1];
```

圖 10.10　Pattern 程式碼

```verilog
34
35    always@(posedge clock_0)begin
36        Random <= Random_Next;
37        if(counter > 100)
38            counter <= 0;
39        else
40            counter <= counter + 1;
41    end
42
43    always@(*)begin
44        Random_Next = Random;
45        counter_Next = counter;
46        Random_Next = {Random[12：0],feebback};
47        if(counter == 13)begin
48            Random_Done = Random[8：0];
49        end
50    end
51
52    //Button Control
53    reg [9：0] human_coordinate;
54
55    always@(posedge clock_0 or negedge rstn)begin
56        if(!rstn)
57            human_coordinate <= 0;
58        else begin
59            case(btn)
60                BTN_0 ： begin
61                    human_coordinate = human_coordinate + 1;
62                    if(human_coordinate >= 500)
63                        human_coordinate <= 500;
64                end
65                BTN_3 ： begin
66                    human_coordinate = human_coordinate - 1;
```

圖 10.10　Pattem 程式碼(續)

```
67              if(human_coordinate <= 5)
68                  human_coordinate <= 5;
69          end
70          BTN_4 , BTN_1,BTN_2：;
71          default：
72              human_coordinate <= human_coordinate;
73      endcase
74   end
75  end
76
77  //bullet shift
78  always@(posedge clock_1 or negedge rstn)begin
79     if(!rstn) begin
80         counter_x = 0;
81         torf_x <= 1'b0;
82     end else begin
83         if(counter_x == 0)
84             torf_x <= 1'b0;
85         else if(counter_x == 700)
86             torf_x <= 1'b1;
87
88         case({torf_x,Stop_Singal})
89             2'b10 : begin
90                 counter_x <= 0;
91                 counter_y <=(Random_Done < 0) ? 0：
92                         (Random_Done >= 500) ? 500：
93                         Random_Done;
94             end
95             2'b000 : begin
96                 counter_x <= counter_x + 1;
97             end
98             2'b01,2'b11 : begin
99                 counter_x <= counter_x;
```

圖 10.10　Pattem 程式碼(續)

```verilog
100            end
101            default : ;
102          endcase
103
104      end
105    end
106
107    //Judge
108    assign Stop_Singal = (((700 - counter_x) == 21) && (14 + counter_y)
109 >= (1 + human_coordinate) && (0 + counter_y) <= (50 +
110 human_coordinate)) ? 1'b1 : 1'b0;
111
112    // Pattern
113    always@(*)begin
114      //human
115      if( (xpos - 11)*(xpos - 11) + (ypos - (11 +
116 human_coordinate))*(ypos - (11 + human_coordinate)) <= 100 ) begin
117          G = 4'hf;
118          B = 4'h0;
119          R = 4'h0;
120      end else
121      if( (xpos >= 8) && (xpos <= 12) && (ypos >= (10 +
122 human_coordinate)) && (ypos <= (40 + human_coordinate)) ) begin
123          G = 4'hf;
124          B = 4'h0;
125          R = 4'h0;
126      end else
127      if( (xpos >= 1) && (xpos <= 21) && (ypos >= (23 +
128 human_coordinate)) && (ypos <= (27 +human_coordinate)) )begin
129          G = 4'hf;
130          B = 4'h0;
131          R = 4'h0;
132      end else
```

圖 10.10　Pattem 程式碼(續)

```
133    if( (xpos >= 1) && (xpos <= 21) && (ypos >= (40 +
134  human_coordinate)) && (ypos <= (44 +human_coordinate)) )begin
135         G = 4'hf;
136         B = 4'h0;
137         R = 4'h0;
138    end else
139    if( (xpos >= 1) && (xpos <= 5) && (ypos >= (40 +
140  human_coordinate)) && (ypos <= (50 +human_coordinate)) )begin
141         G = 4'hf;
142         B = 4'h0;
143         R = 4'h0;
144    end else
145    if( (xpos >= 17) && (xpos <= 21) && (ypos >= (40 +
146  human_coordinate)) && (ypos <= (50 +human_coordinate)) )begin
147         G = 4'hf;
148         B = 4'h0;
149         R = 4'h0;
150    //bullet
151    end else
152    if( (xpos - (700 - counter_x))*(xpos - (700 - counter_x)) + (ypos
153  - (14 + counter_y))*(ypos - (14 + counter_y)) <= 196)begin
154         G = 4'hf;
155         B = 4'h0;
156         R = 4'hf;
157    end else
158    if((xpos >= (630 - counter_x)) && (xpos <= (700- counter_x))
159  && (ypos >= (0 + counter_y)) && (ypos <= (25 + counter_y)))begin
160         G = 4'h8;
161         B = 4'h0;
162         R = 4'hf;
163    end else begin
164         G = 4'h0;
165         B = 4'h0;
```

圖 10.10　Pattern 程式碼(續)

166	`        R = 4'h0;`
167	`      end`
168	`    end`
170	`endmodule`

圖 10.10　Pattem 程式碼(續)

10.3.2　閃子彈遊戲之實作結果

遊戲開始時，按下按鈕 0 向下移動，按下按鈕 3 向上移動，如圖 10.11 所示。

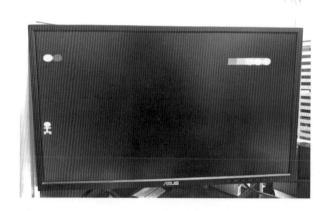

圖 10.11　閃子彈圖形

每次閃避一個物件，七段顯示器顯示分數與經過時間，如圖 10.12 所示。

圖 10.12　閃子彈遊戲進行

當物件撞到人物則遊戲結束，如圖 10.13 所示。

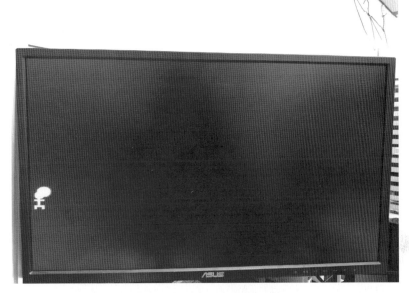

圖 10.13 閃子彈遊戲結束

10-4 練習題

10.4.1 鬧鐘

將 10.1 章節的蜂鳴器與 10.2 章節的數位時鐘結合，用來設計一個可調整時間，並能夠在特定時間使蜂鳴器發出聲響之簡易鬧鐘。

10.4.2 骰子比大小遊戲

以第 8 章中所介紹的 8x8 LED 矩陣數位骰子電路範例為基礎，參考附錄的 LFSR 亂數產生器，修改為以亂數決定骰子的大小，進行比 18 大小遊戲。

10.4.3 音樂播放器

修改 10-1 的簡易音樂盒，使音樂盒能播放多種歌曲，並能夠由使用者自行決定歌曲暫停與播放功能。

10.4.4　約翰找鑰匙遊戲

以第 5 章所介紹的 IO 與第 8 章所介紹的 8x8 LED 與 10.1 章節的蜂鳴器，按下按鈕便藏起鑰匙，並開始播放音樂，使用者撥動指撥器輸入答案，請參照圖 10.14 做修改。

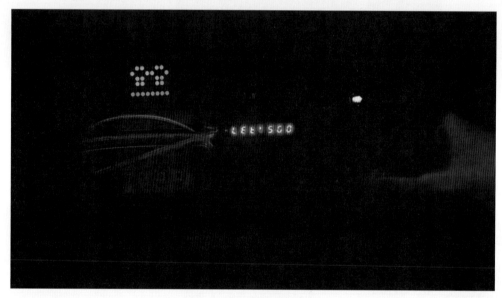

圖 10.14　約翰找鑰匙

附 錄 1

附 1-A　HY-SRF05 測距雷達

　　附錄 1-A 附上如何於 EGO1 開發版經由 GPIO 控制 HY-SRF05 測距雷達模組量測距離的相關 Verilog 程式碼與電路圖，並將測量結果以 16 進位格式顯示於七段顯示器之上。圖 A.1 為整體之電路圖，一開始先將 100Mhz 時脈頻率除頻至 25Mhz 給予 Singal_Counter 與 Echo_Distance 模組用於接收測距雷達的回傳 echo 訊號，然後除頻至 1Mhz 給予 Pulse 與 Trig_output 模組用於傳送 trig 訊號給測距雷達。HY-SRF05 測距雷達模組詳細接線圖如圖 A.2 所示。

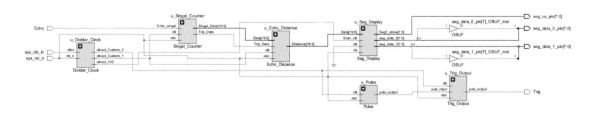

圖 A.1　測距雷達整體電路

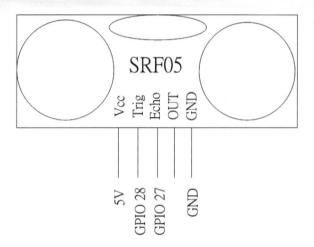

圖 A.2　HY-SRF05 測距雷達 GPIO 接線圖

使用 Singal-Counter 模組的 Verilog 程式碼如圖 A.3 所示。

```verilog
 1    `timescale 1ns / 1ps
 2    module Singal_Counter(
 3        input clk,
 4        input rstn,
 5        input Echo_singal,
 6        output Trip_Data,
 7        output [19:0] Singal_Data
 8    );
 9
10    reg [7:0] Edge_Signal = 0;
11    reg [19:0] Freq_Counter = 0;
12    reg [19:0] Data = 0;
13    reg Data_Trip;
14
15    always@(posedge clk or negedge rstn)begin
16        if(!rstn)
17            Freq_Counter <= 0;
18        else begin
19            if(Echo_singal)
20                Freq_Counter <= Freq_Counter + 1;
```

圖 A.3　Singal_Counter 模組的 Verilog 程式碼

```verilog
21              else
22                  Freq_Counter <= 0;
23          end
24      end
25
26      always@(negedge Echo_singal or negedge rstn)begin
27          if(!rstn)
28              Data <= 0;
29          else
30              Data <= Freq_Counter;
31      end
32
33      always@(posedge clk or negedge rstn)begin
34          if(!rstn)
35              Edge_Signal <= 0;
36          else begin
37              Edge_Signal <= Edge_Signal + Echo_singal;
38          end
39      end
40
41      always@(Edge_Signal)begin
42          if(Edge_Signal == 8'b1000_0000)
43              Data_Trip = 1'b1;
44          else
45              Data_Trip = 1'b0;
46      end
47
48      assign Singal_Data = Data;
49      assign Trip_Data = Data_Trip;
50
51  endmodule
```

圖 A.3　Singal_Counter 模組的 Verilog 程式碼(續)

使用 Echo_Distance 模組的 Verilog 程式碼如圖 A.4 所示。

```verilog
1   `timescale 1ns / 1ps
2   module Echo_Distance(
3       input clk,
4       input rstn,
5       input Trip_Data,
6       input [19:0] Data,
7       output [19:0] Distance
8   );
9
10      reg [19:0] buff;
11
12      always@(posedge clk or negedge rstn)begin
13          if(!rstn)
14              buff <= 0;
15          else begin
16              if(Trip_Data)
17                  buff <= Data/29/2;
18          end
19      end
20
21      assign Distance = buff;
22
23  endmodule
```

圖 A.4　Echo_Distance 模組的 Verilog 程式碼

使用 Pulse 模組的 Verilog 程式碼如圖 A.5 所示。

```verilog
1   `timescale 1ns / 1ps
2   module Pulse(
3       input clk,
4       input rstn,
5       output puls_output
```

圖 A.5　Pulse 模組的 Verilog 程式碼

```verilog
6          );
7
8      reg [15:0] counter;
9      reg data_output;
10
11     always@(posedge clk or negedge rstn)begin
12         if(!rstn)
13             counter <= 0;
14         else begin
15             if(counter > 50000)
16                 counter <= 0;
17             else
18                 counter <= counter + 1;
19         end
20     end
21
22     always@(posedge clk or negedge rstn)begin
23         if(!rstn)
24             data_output <= 1'b0;
25         else begin
26             if(counter < 20)
27                 data_output <= 1'b1;
28             else if (counter >= 20 && counter < 50000)
29                 data_output <= 1'b0;
30         end
31     end
32
33     assign puls_output = data_output;
34 endmodule
```

圖 A.5   Pulse 模組的 Verilog 程式碼(續)

使用 Trig_Output 模組的 Verilog 程式碼如圖 A.6 所示。

```verilog
1   `timescale 1ns / 1ps
2   module Trig_Output(
3       input clk,
4       input rstn,
5       input puls_input,
6       output puls_output
7   );
8
9       reg [4:0] counter;
10      reg data_output;
11
12      always@(posedge clk or negedge rstn)begin
13          if(!rstn)
14              counter <= 0;
15          else begin
16              if(puls_input) begin
17                  if(counter > 20) begin
18                      counter <= 0;
19                      data_output <= puls_input;
20                  end else begin
21                      counter <= counter + 1;
22                      data_output <= 1'b0;
23                  end
24              end
25          end
26      end
27
28      assign puls_output = data_output;
29
30  endmodule
```

圖 A.6　Trig_Output 模組的 Verilog 程式碼

圖 A.7 及圖 A.8 分別顯示近距離與遠距離的實測結果。

圖 A.7　實際測距(近距離)

圖 A.8　實際測距(遠距離)

附 1-B　4 乘 4 數字鍵盤

　　附錄 1-B 簡介如何使用 EGO1 開發版控制 4 乘 4 數字鍵盤，並將鍵盤輸入的值顯示於七段顯示器。圖 B.1 為整體電路圖，圖 B.2 為 4 乘 4 數字鍵盤行、列分布圖，圖 B.3 為詳細接線圖，整體電路圖本書先將 100MHz 時脈頻率除至 1Khz 頻率給 Scan_Counter 模組做計數所描 row 的動作，其程式碼如圖 B.4 所示。

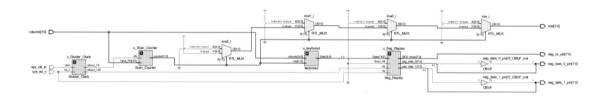

圖 B.1　4 乘 4 鍵盤整體電路

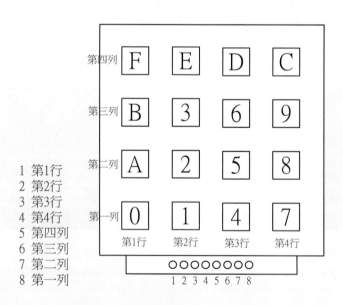

1　第1行
2　第2行
3　第3行
4　第4行
5　第四列
6　第三列
7　第二列
8　第一列

圖 B.2　4 乘 4 鍵盤行與列分布圖

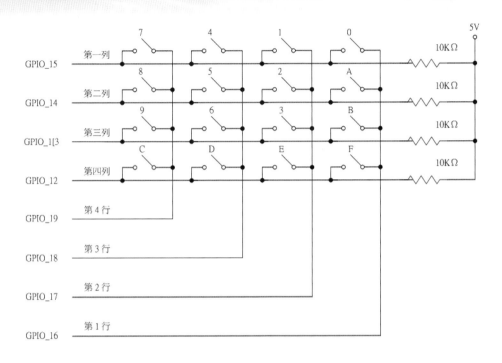

圖 B.3　4 乘 4 鍵盤詳細接線圖

```
1    `timescale 1ns / 1ps
2
3    module Top(
4         input sys_clk_in,
5         input sys_rst_n,
6         input [3:0] column,
7         output [3:0] row,
8         output [7:0] seg_cs_pin,
9         output [7:0] seg_data_0_pin,
10        output [7:0] seg_data_1_pin
11    );
12
13    wire [1:0] Scan;
14    wire [3:0] Data;
15    wire clkout_1kHZ;
16    wire seg_clk;
17
```

圖 B.4　Top 的 Verilog 程式碼

```verilog
18      Divider_Clock #(
19          .Custom_Outputclk_0(),
20          .Custom_Outputclk_1(),
21          .Custom_Outputclk_2()
22      )u_Divider_Clock(
23          .clkin(sys_clk_in),
24          .rst_n(sys_rst_n),
25          .clkout_1K(clkout_1kHZ),
26          .clkout_100(seg_clk),
27          .clkout_10(),
28          .clkout_1(),
29          .clkout_Custom_0(),
30          .clkout_Custom_1(),
31          .clkout_Custom_2()
32      );
33
34      Scan_Counter u_Scan_Counter(
35          .input_Pin(column),
36          .clk(clkout_1kHZ),
37          .counter(Scan)
38      );
39
40      assign row =(Scan == 2'b00) ? 4'b0111 :
41              (Scan == 2'b01) ? 4'b1011 :
42              (Scan == 2'b10) ? 4'b1101 :
43              (Scan == 2'b11) ? 4'b1110 :
44              4'b1111;
45
46      keyborad u_keyborad(
47          .row(Scan),
48          .column(column),
49          .Data(Data)
50      );
```

圖 B.4　Top 的 Verilog 程式碼(續)

```
51
52      Seg_Display u_Seg_Display(
53          .Scan_clk(clkout_1kHZ),
54          .clk(seg_clk),
55          .rts(sys_rst_n),
56          .Data({12'b0,Data}),
57          .SEG_show(seg_cs_pin),
58          .seg_data_0(seg_data_0_pin),
59          .seg_data_1(seg_data_1_pin)
60      );
61
62  endmodule
```

圖 B.4　Top 的 Verilog 程式碼(續)

　　再將 100MHz 時脈頻率除至 100hz 的頻率給七段顯示器模組輸出鍵盤輸入數字，其程式碼如圖 B.5 所示，Scan_Counter 計數器輸出的值使 row 能夠輸出行掃描訊號給 4 乘 4 鍵盤，當被掃瞄到的按鍵壓下時，使被改變列掃描訊號輸入至 EGO1做判別使用。

```
1   `timescale 1ns / 1ps
2   module Scan_Counter(
3       input clk,
4       input [3:0] input_Pin,
5       output reg [1:0] counter = 0
6   );
7
8       wire hold;
9
10      assign hold = ~(&input_Pin);
11
12      always@(posedge clk)begin
13          if(!hold) counter = counter + 1;
14      end
15
16  endmodule
```

圖 B.5　row 的掃瞄 Verilog 程式碼

最後經由 keyborad 模組來確認 4 乘 4 鍵盤按下哪個鍵，並由七段顯示器輸出之，keyborad 模組程式碼如圖 B.6 所示。

```verilog
module keyborad(
    input [1:0] row,
    input [3:0] column,
    output reg [3:0] Data
    );

    always@(*)begin
        case(row)
            2'b00: begin
                case(column)
                    4'b0111: Data = 4'h0;
                    4'b1011: Data = 4'h1;
                    4'b1101: Data = 4'h4;
                    4'b1110: Data = 4'h7;
                    default:
                        Data = 4'h0;
                endcase
            end
            2'b01: begin
                case(column)
                    4'b0111: Data = 4'ha;
                    4'b1011: Data = 4'h2;
                    4'b1101: Data = 4'h5;
                    4'b1110: Data = 4'h8;
                    default:
                        Data = 4'h0;
                endcase
            end
            2'b10: begin
                case(column)
```

圖 B.6　Column 的輸入偵測 Verilog 程式碼

```
31          4'b0111: Data = 4'hb;
32          4'b1011: Data = 4'h3;
33          4'b1101: Data = 4'h6;
34          4'b1110: Data = 4'h9;
35        default:
36            Data = 4'h0;
37      endcase
38    end
39    2'b11: begin
40      case(column)
41          4'b0111: Data = 4'hf;
42          4'b1011: Data = 4'he;
43          4'b1101: Data = 4'hd;
44          4'b1110: Data = 4'hc;
45        default:
46            Data = 4'h0;
47      endcase
48    end
49    default:
50        Data = 4'hf;
51  endcase
52 end
53
54 endmodule
```

圖 B.6　Column 的輸入偵測 Verilog 程式碼(續)

圖 B.7 及圖 B.8 分別為按下按鍵 7 及按鍵 B 的實測結果，請接在 Trig、Echo。

圖 B.7　實測結果(按下 7)

圖 B.8　實測結果(按下 B)

附 1-C　伺服馬達

　　附錄 1-C 簡介如何以 EGO1 開發版控制最普遍使用的廣營 GWS S03T 伺服馬達，並使伺服馬達依序轉動 0、45、90 和 180 這四種角度。圖 C.1 為整體電路圖，圖 C.2 為廣營 GS S03T 接線示意圖。一開始先將 100Mhz 時脈頻率除頻至 100kHz 給予 Servo_Control 模組，GWS S03T 的控制輸入週期為 20ms，相當於以 100kHz 的頻率計數 2000 次，若是 pluse 的寬度為 0.7ms 則表示轉動 0 角度歸位，pluse 寬度為 1.1ms 則表示轉動 45 角度，pluse 寬度為 1.5ms 則表示轉動 90 角度，最後 pluse 寬度為 2.3ms 則表示轉動 180 角度。圖 C.3 為 Top 程式碼。

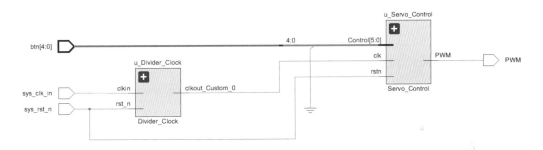

圖 C.1　伺服馬達控制整體電路圖

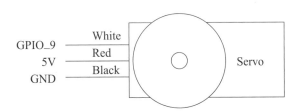

圖 C.2　廣營 GS S03T GPIO 接線示意圖

```verilog
1  `timescale 1ns / 1ps
2  module Top(
3      input sys_clk_in,
4      input sys_rst_n,
5      input [4:0] btn,
```

圖 C.3　Top 程式碼

```
6          output PWM
7      );
8
9      wire clkout_100kHz;
10
11     Divider_Clock #(
12         .Custom_Outputclk_0(100_000),
13         .Custom_Outputclk_1(),
14         .Custom_Outputclk_2()
15     )u_Divider_Clock(
16         .clkin(sys_clk_in),
17         .rst_n(sys_rst_n),
18         .clkout_1K(),
19         .clkout_100(),
20         .clkout_10(),
21         .clkout_1(),
22         .clkout_Custom_0(clkout_100kHz),
23         .clkout_Custom_1(),
24         .clkout_Custom_2()
25     );
26
27     Servo_Control u_Servo_Control(
28         .clk(clkout_100kHz),
29         .rstn(sys_rst_n),
30         .Control(btn),
31         .PWM(PWM)
32     );
33
34 endmodule
```

圖 C.3　Top 程式碼(續)

圖 C.4 爲伺服馬達控制程式碼，圖 C.5 爲示波器測頻率結果，請把 white 接在 GPIO。

```verilog
1   `timescale 1ns / 1ps
2   module Servo_Control(
3       input clk,
4       input rstn,
5       input [5:0] Control,
6       output PWM
7   );
8
9   parameter  BTN_0 = 5'b00001, BTN_1 = 5'b00010, BTN_2 = 5'b00100,
10             BTN_3 = 5'b01000, BTN_4 = 5'b10000;
11
12  reg [7:0] Data = 0;
13  reg [10:0] period = 0;
14
15  always@(posedge clk or negedge rstn)begin
16      if(!rstn)
17          Data <= 0;
18      else begin
19          case(Control)
20              BTN_0 :  Data <= 70;
21              BTN_1 :  Data <= 110;
22              BTN_2 :  Data <= 150;
23              BTN_3 :  Data <= 230;
24              default :;
25          endcase
26      end
27  end
28
29  always@(posedge clk or negedge rstn)begin
30      if(!rstn)
31          period <= 0;
```

圖 C.4　伺服馬達控制程式碼

```
32          else begin
33              if(period > 1999)
34                  period <= 0;
35              else
36                  period <= period + 1;
37          end
38      end
39
40      assign PWM = (period < Data) ? 1'b0 : 1'b1;
41
42  endmodule
```

圖 C.4　伺服馬達控制程式碼(續)

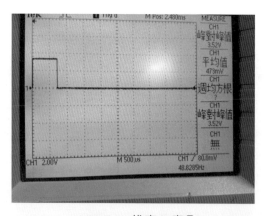

(a)0.7ms 代表 0 度角

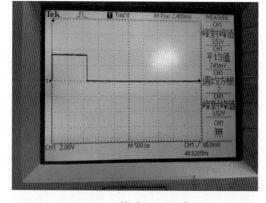

(b)1.1ms 代表 45 度角

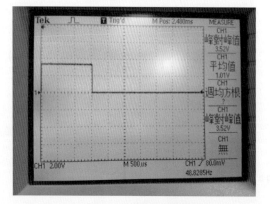

(c)1.5ms 代表 90 度角

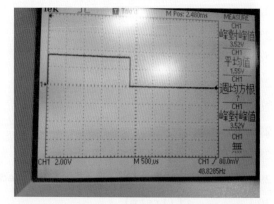

(d)2.3ms 代表 180 度角

圖 C.5　示波器量測頻率結果

附 1-D LFSR 亂數產生器

附錄 1-D 附上如何使用 16 位元 Fibonacei 線性回饋移位暫存器簡易產生近似亂數產生器的 Verilog 程式碼，圖 D.1 為 Fibonaceii 線性回饋移位暫存器設計示意圖，圖 D.2 為 16 位元 Fibonacei LFSR 的 Verilog 程式碼，圖 D.3 為 Vivado 程式模擬波形結果，輸出埠可以得到一個亂數。讀者可以把被讀出的值做為亂數種子使用。

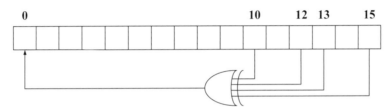

圖 D.1 16 位元 Fibonacei 線性回饋移位暫存器

```verilog
1   `timescale 1ns / 1ps
2   module LFSR_Generator(
3       input clk,
4       input rstn,
5       output [15:0] Data
6   );
7
8       reg [15:0] Random,Random_Next;
9       reg [15:0] Random_Done = 0;
10      reg [6:0] counter = 0,counter_Next = 0;
11
12      initial begin
13          Random = 16'b1011_1010_0010_1111;
14      end
15
16      wire feebback = Random[15]^Random[13]^Random[12]^Random[10];
17
```

圖 D.2 16 位元 LFSR 線性回饋移位暫存器

```verilog
18    always@(posedge clk)begin
19        Random <= Random_Next;
20        if(counter > 100)
21            counter <= 0;
22        else
23            counter <= counter + 1;
24    end
25
26    always@(*)begin
27        Random_Next = Random;
28        counter_Next = counter;
29        Random_Next = {Random[14:0],feebback};
30        if(counter == 13)begin
31            Random_Done = Random[15:0];
32        end
33    end
34
35    assign Data = Random_Done;
36
37 endmodule
```

圖 D.2　16 位元 LFSR 線性回饋移位暫存器(續)

圖 D.3　16 位元 LFSR 線性回饋移位暫存器波形模擬結果

附 1-E VGA Pattern 產生器

附錄 1-E 附上如何使用 Verilog 程式碼產生一個圖片畫面，一開始先增加 Clock Wizard IP 與 Block Memory Generator IP，如圖 E.1 所示。Block Memory Generator IP 設定如圖 E.2、圖 E.3 與圖 E.4 所示。在圖 E.3 裡的 Write Depth 數字為要顯示圖片的長與寬的乘積。coe 檔預先寫入 BRAM，然後讀取 BRAM 資料輸出給 R、G、B 輸出圖片。

圖 E.1　增加 BRAM IP

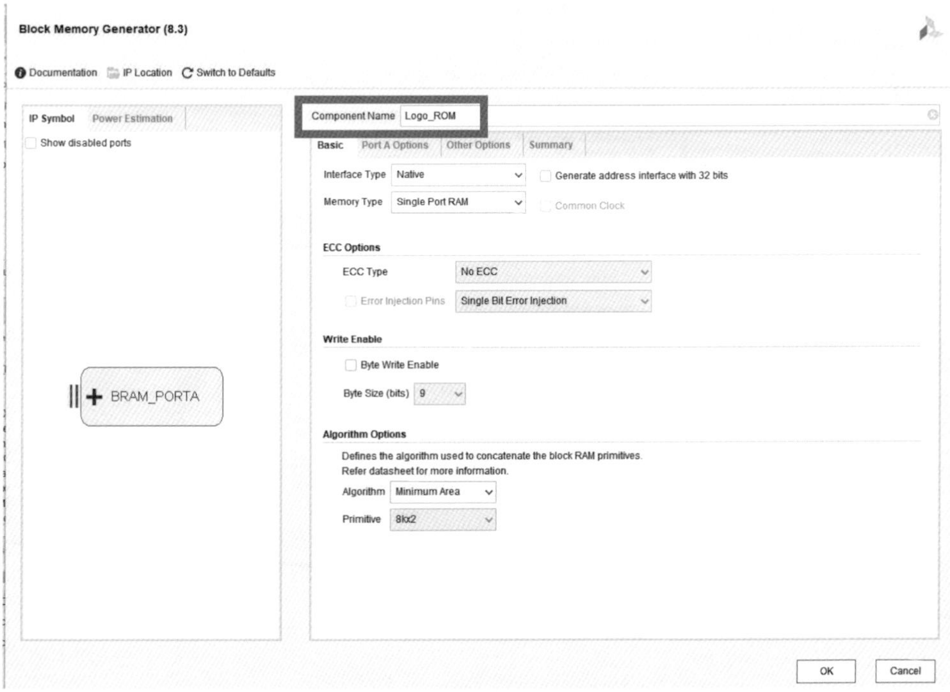

圖 E.2　BRAM IP 設定-1

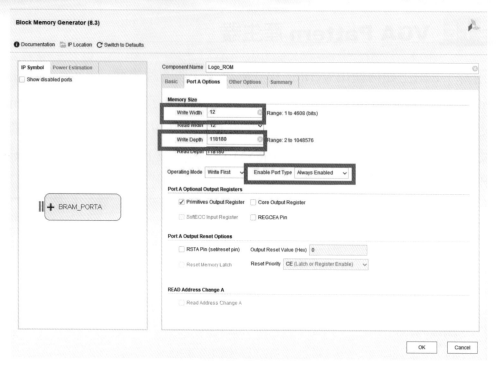

圖 E.3　BRAM IP 設定-2

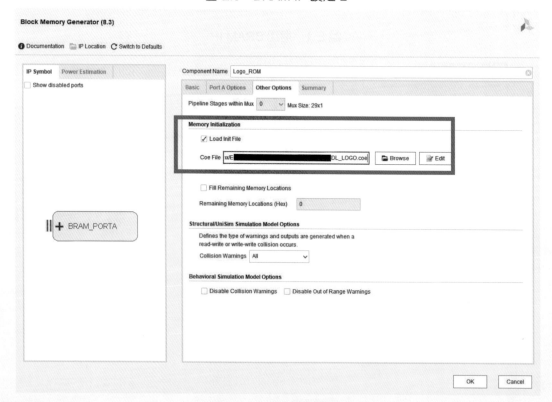

圖 E.4　BRAM IP 設定-3

　　圖 E.5 為顯示圖案的 Verilog 程式碼。根據讀取的 coe 檔的不同，讀取 BRAM IP
位址大小也會有所不同。圖 E.6 為書面輸出結果，讀者可自行點開 IP 底下的.v 檔
查看其位址 bit 數大小。第 23 與 24 行為這張圖片的長與寬大小。

　　Coe 檔的編寫用；區隔，memory_initialization_radix 為數據格式。memory_initialization_vector 為初始化的數值向量值。附錄 E 提供一個 bmp 圖片格式轉換成 coe 檔 Java 程式。

```verilog
1    `timescale 1ns / 1ps
2    module Top(
3        input sys_clk_in,
4        input sys_rst_n,
5        output vga_hs_pin,
6        output vga_vs_pin,
7        output [3:0] vga_R_Data_pin,
8        output [3:0] vga_G_Data_pin,
9        output [3:0] vga_B_Data_pin
10   );
11
12       wire VGA_clk;
13       wire clock;
14       wire [9:0] xpos;
15       wire [9:0] ypos;
16       wire valid;
17       reg [11:0] vga_data;
18
19       reg [16:0] ROM_addr ;
20       wire [11:0] douta;
21
22       wire logo_area;
23       parameter [9:0] logo_length = 10'd380;
24       parameter [9:0] logo_hight  = 10'd311;
25
26       Vga_clk_25MH u_Vga_clk_25MH(
```

圖 E.5　Top 的 Verilog 程式碼

```verilog
        .clk_in1(sys_clk_in),
        .resetn(sys_rst_n),
        .clk_out1(VGA_clk),
        .locked()
    );

    Logo_ROM u_Logo_ROM(
        .clka(VGA_clk),
        .wea(),
        .addra(ROM_addr),
        .dina(),
        .douta(douta)
    );

    Divider_Clock #(
        .Custom_Outputclk_0(),
        .Custom_Outputclk_1(),
        .Custom_Outputclk_2()
    )u_Divider_Clock(
        .clkin(sys_clk_in),
        .rst_n(sys_rst_n),
        .clkout_1K(),
        .clkout_100(),
        .clkout_10(clock),
        .clkout_1(),
        .clkout_Custom_0(),
        .clkout_Custom_1(),
        .clkout_Custom_2()
    );


    VGAControll VGA(
        .VGA_clk(VGA_clk),
```

圖 E.5　Top 的 Verilog 程式碼(續)

```verilog
60          .rst_n(sys_rst_n),
61          .hsync(vga_hs_pin),
62          .vsync(vga_vs_pin),
63          .xpos(xpos),
64          .ypos(ypos)
65      );
66
67      assign logo_area =( (xpos >= 100) & (xpos < (100 + logo_length))
68  & (ypos >= 100) & (ypos < (100 + logo_hight)) )? 1'b1 : 1'b0;
69      assign valid = ((vga_hs_pin == 1'b1) & (vga_vs_pin == 1'b1)) ? 1'b1 :
70  1'b0;
71
72
73      always@(posedge VGA_clk or negedge sys_rst_n) begin
74          if(!sys_rst_n)
75              vga_data <= 12'd0;
76          else begin
77              if(valid)begin
78                  if(logo_area) begin
79                      ROM_addr <= ROM_addr + 17'b0_0000_0000_0000_0001;
80                      vga_data <= douta;
81                  end else begin
82                      ROM_addr <= ROM_addr;
83                      vga_data <= 12'd0;
84                  end
85              end else begin
86                  vga_data <= 12'd1;
87                  if(ypos == 0)
88                      ROM_addr <= 17'b0_0000_0000_0000_0000;
89              end
90          end
91      end
92
```

圖 E.5　Top 的 Verilog 程式碼(續)

```
93    assign vga_R_Data_pin = vga_data[11:8];

94    assign vga_G_Data_pin = vga_data[7:4];

95    assign vga_B_Data_pin = vga_data[3:0];

96

97  endmodule
```

圖 E.5　Top 的 Verilog 程式碼(續)

圖 E.6　640x480@60Hz logo 畫面輸出

附 1-F 炸彈人

本次實驗以炸彈人為主題，而製作方法是以 FPGA 開發板(EGO)進行輸入及矩陣燈顯示炸彈人狀態，首先撥動開發板上的開關去顯示密碼提示，按鈕開關則代表密碼確認鍵，LED 開關則是代表血條的部分，若血條歸零時，炸彈人則顯示勝利的姿勢，反之若輸入正確密碼，炸彈人則被消滅。

```
1    always@(posedge Scan_clk) begin
2        if(state==0)begin
3            first = 0;
4            final = 6;
5        end
6        else if(state == 1)begin
7            first = 7;
8            final = 8;
9        end
10       else if(state == 2)begin
11           first = 9;
12           final = 18;
13       end
14   end
15
16   always@(posedge Counter_clk) begin
17       Count = Count + 1;
18       if(Count > final)
19           Count <= first;
20   end
21
22   always@(posedge Scan_clk or negedge rst) begin
23       if(!rst)
24           Scan <= 0;
25       else if(Scan > 7)
```

圖 F.1　炸彈人程式碼

```verilog
26              Scan <= 0;
27         else
28              Scan <= Scan + 1 ;
29      end
30      always@(Count or Scan)begin
31         Data1 <= 8'b11111111;
32         case(Count)
33             //normal
34             8'd0: begin
35                 case(Scan)
36                     3'd0: Data <= 8'b11100111;
37                     3'd1: Data <= 8'b11100111;
38                     3'd2: Data <= 8'b11000011;
39                     3'd3: Data <= 8'b10100101;
40                     3'd4: Data <= 8'b10100101;
41                     3'd5: Data <= 8'b11011011;
42                     3'd6: Data <= 8'b11011011;
43                     3'd7: Data <= 8'b10011001;
44                 endcase
45             end
46
47             8'd1: begin
48                 case(Scan)
49                     3'd0: Data <= 8'b11001111;
50                     3'd1: Data <= 8'b11001111;
51                     3'd2: Data <= 8'b10000111;
52                     3'd3: Data <= 8'b01001011;
53                     3'd4: Data <= 8'b01001011;
54                     3'd5: Data <= 8'b10110111;
55                     3'd6: Data <= 8'b11011011;
56                     3'd7: Data <= 8'b10011001;
```

圖 F.1　炸彈人程式碼(續)

57	endcase
58	**end**

圖 F.1　炸彈人程式碼(續)

(a)炸彈人畫面　　　　　　　　(b)輸入密碼進行遊戲

圖 F.2　炸彈人成品畫面

附 1-G　google 小恐龍

在沒有網路時，除了 Mircosoft 內建遊戲，還有 google 小恐龍能夠遊玩，藉此想說能不能在 FPGA 上進行小恐龍。此實驗是利用 FPGA 開發板(EGO)進行設計並透過 VGA 線將結果產生在螢幕上，透過這樣的實驗加深自我的能力與經驗，整體過程使用了課堂所教的程式碼去進行製作，以及將老師提供的概念加以改善，而製作出自己的 google 小恐龍。

```verilog
1    always @(negedge fresh) begin
2       //add counter
3       counter<=counter+1;
4       //jump operation
5       if (game_status) begin
6           if (button_jump && jumping==1'b0) begin
7               jumping<=1'b1;//begin to jump
8           end
9           if (jumping) begin
10              if (jump_time>=12'd40) begin//reset jump operation
11                  jump_time<=12'b0;
12                  jumping<=1'b0;
13              end else begin
14                  jump_time<=jump_time+1'b1;//add jump_time
15              end
16          end
17      end else begin //if pausing
18          if (RESET || START) begin
19              jump_time<=12'b0;
20              jumping<=1'b0;
21              counter<=4'b0;
22          end
```

圖 G.1　小恐龍跳躍程式碼

圖 G.2　地面生成程式碼

```verilog
always@(posedge clock or negedge rst) begin
    if(!rst) begin
        Song = stop;
        step = 0;
    end else begin
        if(sw == 0) begin
            Song = stop;
            step = 0;
        end else begin
            if(step > 2)
                step <= 0;
            else
                step <= step + 1;

            case(step)
                7'd0    : Song = HDO;
                7'd1    : Song = HFA;

                default : Song = stop;
            endcase
        end
    end
end
```

圖 G.3　跳躍提示音

圖 G.4　Google 小恐龍成品畫面

附 1-H 密碼鎖

隨著社會的進步，越來越多人有了用鎖來保住自己東西的習慣，像是常見的保險箱、旅行箱等，爲了因應這個趨勢，這次我們將利用 FPGA 開法板(EGO)來實現簡易密碼鎖。利用課本上的程式碼及老師補充的概念去進行製作，經由開發板上原有元件進行此實驗，將七段顯示設爲密碼顯示畫面，按鈕開關爲設置密碼及確認密碼，若七段顯示器顯示 CRR 則爲解鎖成功，反之 Fail 則爲失敗。

```verilog
1   function [6:0] digital;
2   input reg [3:0] num;
3   begin
4       if(num == 4'd0)
5       begin
6           digital = 7'b1110111;//0
7       end
8       if(num == 4'd1)
9       begin
10          digital = 7'b0010010;//1
11      end
12      if(num == 4'd2)
13      begin
14          digital = 7'b1011101;//2
15      end
16      if(num == 4'd3)
17      begin
18          digital = 7'b1011011;//3
19      end
20      if(num == 4'd4)
21      begin
22          digital = 7'b0111010;//4
23      end
24      if(num == 4'd5)
```

圖 H.1 Digital_put 程式碼

```verilog
25      begin
26          digital = 7'b1101011;//5
27      end
28      if(num == 4'd6)
29      begin
30          digital = 7'b1101111;//6
31      end
32      if(num == 4'd7)
33      begin
34          digital = 7'b1010010;//7
35      end
36      if(num == 4'd8)
37      begin
38          digital = 7'b1111111;//8
39      end
40      if(num == 4'd9)
41      begin
42          digital = 7'b1111011;//9
43      end
```

圖 H.1　Digital_put 程式碼(續)

```verilog
1   always@(posedge sys_clk or negedge rst_n)
2   begin
3       //初始化
4       if(~rst_n)
5       begin
6           leddown <= 8'b11111111;
7           lock_status = 1'b0;
8       end
9       //流水燈計時
10      else if(read_status == 1'b1)
```

圖 H.2　Clock 程式碼

```
11      begin
12          if(led_timer == 64'd199_999_999) //49_999_999
13              begin
14                  leddown <= 8'b11111110;
15              end
16          else if(led_timer == 64'd399_999_999)//99_999_999
17              begin
18                  leddown <= 8'b11111100;
19              end
20          else if(led_timer == 64'd599_999_999)//149_999_999
21              begin
22                  leddown <= 8'b11111000;
23              end
24          else if(led_timer == 64'd799_999_999)//199_999_999
25              begin
26                  leddown <= 8'b11110000;
27              end
28          else if(led_timer == 64'd999_999_999)//249_999_999
29              begin
30                  leddown <= 8'b11100000;
31              end
32          else if(led_timer == 64'd1_199_999_999)//299_999_999
33              begin
34                  leddown <= 8'b11000000;
35              end
36          else if(led_timer == 64'd1_399_999_999)//349_999_999
37              begin
38                  leddown <= 8'b10000000;
39              end
```

圖 H.2　Clock 程式碼(續)

圖 H.3　密碼鎖成品畫面

附 1-I EGO1 開發板 XDC 腳位設定

　　XDC 全名為 Xilinx Design Constraints，由於 FPGA 晶片 I/O 腳位亦具備可規劃性，可同時支援輸入輸出以及不同電壓準位，因此需要定義出 XDC 設定檔用於約束 FPGA 腳位來滿足 Vivado 編譯流程需要。XDC 本質上為 Tcl 語言，但只支援基本的 Tcl 語法。以#字號為註解，完整的設定指令必須在一行中結束，切勿在設定指令後面再添加#註解，以免導致錯誤。

XDC I/O 的約束指令說明如下：

set_property -dict {PACKAGE_PIN (*實體腳位*) IOSTANDARD (*Level*)} [get_ports (*腳位名稱*)]

　　實體腳位為晶片上的腳位名稱。Level 為電壓標準，常見的電壓標準為：LVCMOS33、LVCMOS25 與 LVCMOS18。在 EGO1 開發板上所有的 I/O 電壓標準為 LVCMOS33。腳位名稱為實現合成，步驟期間會將設計 I/O 與晶片的實體腳位合成。

　　表 I.1 為 EGO1 開發板所使用的 XDC 檔說明，完整檔案請參閱光碟內 EGO1.xdc。

表 I.1　EGO1 開發板使用的 XDC 檔列表

功能	腳位名稱	實體腳位	電壓標準
時脈輸入與重置訊號	sys_clk_in	P17	LVCMOS33
	sys_rst_n	P15	LVCMOS33
UART 端口	PC_Uart_rxd	N5	LVCMOS33
	PC_Uart_txd	T4	LVCMOS33
藍芽端口	BT_Uart_rxd	L3	LVCMOS33
	BT_Uart_txd	N2	LVCMOS33
	bt_ctrl_o[0]	D18	LVCMOS33
	bt_ctrl_o[1]	M2	LVCMOS33
	bt_ctrl_o[2]	H15	LVCMOS33
	bt_ctrl_o[3]	C16	LVCMOS33
	bt_ctrl_o[4]	E18	LVCMOS33
	bt_mcu_int_i	C17	LVCMOS33
音源端口	audio_pwm_o	T1	LVCMOS33
	audio_sd_o	M6	LVCMOS33
I2C	pw_iic_scl_io	F18	LVCMOS33
	pw_iic_sda_io	G18	LVCMOS33

功能	腳位名稱	實體腳位	電壓標準
XADC 輸入	A_VAUXN	B12	LVCMOS33
	A_VAUXP	—	LVCMOS33
	XADC_AUX_v_p	C12	LVCMOS33
	XADC_VP_VN_v_n	K9	LVCMOS33
	XADC_VP_VN_v_p	J10	LVCMOS33
按鈕	btn[0]	R11	LVCMOS33
	btn[1]	R17	LVCMOS33
	btn[2]	R15	LVCMOS33
	btn[3]	V1	LVCMOS33
	btn[4]	U4	LVCMOS33
DIP 指撥開關	sw[0]	P5	LVCMOS33
	sw[1]	P4	LVCMOS33
	sw[2]	P3	LVCMOS33
	sw[3]	P2	LVCMOS33
	sw[4]	R2	LVCMOS33
	sw[5]	M4	LVCMOS33
	sw[6]	N4	LVCMOS33
	sw[7]	R1	LVCMOS33
SMD 指撥開關	dip_pin[0]	U3	LVCMOS33
	dip_pin[1]	U2	LVCMOS33
	dip_pin[2]	V2	LVCMOS33
	dip_pin[3]	V5	LVCMOS33
	dip_pin[4]	V4	LVCMOS33
	dip_pin[5]	R3	LVCMOS33
	dip_pin[6]	T3	LVCMOS33
	dip_pin[7]	T5	LVCMOS33
LED 輸出	led[0]	F6	LVCMOS33
	led[1]	G4	LVCMOS33
	led[2]	G3	LVCMOS33
	led[3]	J4	LVCMOS33
	led[4]	H4	LVCMOS33
	led[5]	J3	LVCMOS33
	led[6]	J2	LVCMOS33
	led[7]	K2	LVCMOS33

功能	腳位名稱	實體腳位	電壓標準
LED 輸出	led[8]	K1	LVCMOS33
	led[9]	H6	LVCMOS33
	led[10]	H5	LVCMOS33
	led[11]	J5	LVCMOS33
	led[12]	K6	LVCMOS33
	led[13]	L1	LVCMOS33
	led[14]	M1	LVCMOS33
	led[15]	K3	LVCMOS33
七段顯示器控制	seg_cs[0]	G2	LVCMOS33
	seg_cs[1]	C2	LVCMOS33
	seg_cs[2]	C1	LVCMOS33
	seg_cs[3]	H1	LVCMOS33
	seg_cs[4]	G1	LVCMOS33
	seg_cs[5]	F1	LVCMOS33
	seg_cs[6]	E1	LVCMOS33
	seg_cs[7]	G6	LVCMOS33
七段顯示器數據 – 0	seg_data_0[0]	B4	LVCMOS33
	seg_data_0[1]	A4	LVCMOS33
	seg_data_0[2]	A3	LVCMOS33
	seg_data_0[3]	B1	LVCMOS33
	seg_data_0[4]	A1	LVCMOS33
	seg_data_0[5]	B3	LVCMOS33
	seg_data_0[6]	B2	LVCMOS33
	seg_data_0[7]	D5	LVCMOS33
七段顯示器數據 – 1	seg_data_1[0]	D4	LVCMOS33
	seg_data_1[1]	E3	LVCMOS33
	seg_data_1[2]	D3	LVCMOS33
	seg_data_1[3]	F4	LVCMOS33
	seg_data_1[4]	F3	LVCMOS33
	seg_data_1[5]	E2	LVCMOS33
	seg_data_1[6]	D2	LVCMOS33
	seg_data_1[7]	H2	LVCMOS33
VGA 行列同步訊號	vga_hs_pin	D7	LVCMOS33
	vga_vs_pin	C4	LVCMOS33

功能	腳位名稱	實體腳位	電壓標準
VGA 數據	vga_R_Data_pin[0]	F5	LVCMOS33
	vga_R_Data_pin[1]	C6	LVCMOS33
	vga_R_Data_pin[2]	C5	LVCMOS33
	vga_R_Data_pin[3]	B7	LVCMOS33
	vga_G_Data_pin[0]	B6	LVCMOS33
	vga_G_Data_pin[1]	A6	LVCMOS33
	vga_G_Data_pin[2]	A5	LVCMOS33
	vga_G_Data_pin[3]	D8	LVCMOS33
	vga_B_Data_pin[0]	C7	LVCMOS33
	vga_B_Data_pin[1]	E6	LVCMOS33
	vga_B_Data_pin[2]	E5	LVCMOS33
	vga_B_Data_pin[3]	E7	LVCMOS33
DAC 輸出	dac_ile	R5	LVCMOS33
	dac_cs_n	N6	LVCMOS33
	dac_wr1_n	V6	LVCMOS33
	dac_wr2_n	R6	LVCMOS33
	dac_xfer_n]	V7	LVCMOS33
	dac_data[0]	T8	LVCMOS33
	dac_data[1]	R8	LVCMOS33
	dac_data[2]	T6	LVCMOS33
	dac_data[3]	R7	LVCMOS33
	dac_data[4]	U6	LVCMOS33
	dac_data[5]	U7	LVCMOS33
	dac_data[6]	V9	LVCMOS33
	dac_data[7]	U9	LVCMOS33
PS2 埠	ps2_clk	K5	LVCMOS33
	ps2_data	L4	LVCMOS33
SRAM 控制器	sram_addr[18]	L15	LVCMOS33
	sram_addr[17]	L16	LVCMOS33
	sram_addr[16]	L18	LVCMOS33
	sram_addr[15]	M18	LVCMOS33
	sram_addr[14]	R12	LVCMOS33
	sram_addr[13]	R13	LVCMOS33
	sram_addr[12]	M13	LVCMOS33

功能	腳位名稱	實體腳位	電壓標準
SRAM 控制器	sram_addr[11]	R18	LVCMOS33
	sram_addr[10]	T18	LVCMOS33
	sram_addr[9]	N14	LVCMOS33
	sram_addr[8]	P14	LVCMOS33
	sram_addr[7]	N17	LVCMOS33
	sram_addr[6]	P18	LVCMOS33
	sram_addr[5]	M16	LVCMOS33
	sram_addr[4]	M17	LVCMOS33
	sram_addr[3]	N15	LVCMOS33
	sram_addr[2]	N16	LVCMOS33
	sram_addr[1]	T14	LVCMOS33
	sram_addr[0]	T15	LVCMOS33
	sram_ce_n	V15	LVCMOS33
	sram_lb_n	R10	LVCMOS33
	sram_oe_n	T16	LVCMOS33
	sram_ub_n	R16	LVCMOS33
	sram_we_n	V16	LVCMOS33
	sram_data[15]	T10	LVCMOS33
	sram_data[14]	T9	LVCMOS33
	sram_data[13]	U13	LVCMOS33
	sram_data[12]	T13	LVCMOS33
	sram_data[11]	V14	LVCMOS33
	sram_data[10]	U14	LVCMOS33
	sram_data[9]	V11	LVCMOS33
	sram_data[8]	V10	LVCMOS33
	sram_data[7]	V12	LVCMOS33
	sram_data[6]	U12	LVCMOS33
	sram_data[5]	U11	LVCMOS33
	sram_data[4]	T11	LVCMOS33
	sram_data[3]	V17	LVCMOS33
	sram_data[2]	U16	LVCMOS33
	sram_data[1]	U18	LVCMOS33
	sram_data[0]	U17	LVCMOS33

功能	腳位名稱	實體腳位	電壓標準
GPIO	GPIO[16]	B16	LVCMOS33
	GPIO[17]	A15	LVCMOS33
	GPIO[18]	A13	LVCMOS33
	GPIO[19]	B18	LVCMOS33
	GPIO[20]	F13	LVCMOS33
	GPIO[21]	B13	LVCMOS33
	GPIO[22]	D14	LVCMOS33
	GPIO[23]	B11	LVCMOS33
	GPIO[24]	E15	LVCMOS33
	GPIO[25]	D15	LVCMOS33
	GPIO[26]	H16	LVCMOS33
	GPIO[27]	F15	LVCMOS33
	GPIO[28]	H14	LVCMOS33
	GPIO[29]	E17	LVCMOS33
	GPIO[30]	K13	LVCMOS33
	GPIO[31]	H17	LVCMOS33
	GPIO[15]	B17	LVCMOS33
	GPIO[14]	A16	LVCMOS33
	GPIO[13]	A14	LVCMOS33
	GPIO[12]	A18	LVCMOS33
	GPIO[11]	F14	LVCMOS33
	GPIO[10]	B14	LVCMOS33
	GPIO[9]	C14	LVCMOS33
	GPIO[8]	A11	LVCMOS33
	GPIO[7]	E16	LVCMOS33
	GPIO[6]	C15	LVCMOS33
	GPIO[5]	G16	LVCMOS33
	GPIO[4]	F16	LVCMOS33
	GPIO[3]	G14	LVCMOS33
	GPIO[2]	D17	LVCMOS33
	GPIO[1]	J13	LVCMOS33
	GPIO[0]	G17	LVCMOS33

附　錄　2

附 2-A **32 位元 MicroBlaze 處理器 SoPC 系統層級設計**

西元 2000 年，Altera 適用於 FPGA 可程式化邏輯設計平台的 SoC 系統層級設計環境所需之第一代 16 位元 Soft Processor Nios 嵌入式處理器。隨後西元 2004 年，第二代 32 位元 Soft Processor Nios II 嵌入式處理器誕生。同樣地，約在西元 2000 年，Xilinx 亦推出類似 Nios 處理器的 MicroBlaze 32 位元嵌入式處理器，這兩種 SoC 系統晶片皆將開發所需相關技術整合在一個統一的開發流程之中，簡化並創造高性能可編程單晶片系統設計(System on Programmable Chip，SoPC)，提高整合性和縮短驗證階段時間，加快產品上市時間。

MicroBlaze 是一種 RISC 架構的軟體式嵌入式處理器，適用於 Xilinx 絕大部分可程式化邏輯系統晶片，具有執行速度快、佔用可規劃資源少、可重新配置等優點，已廣泛應用於通信、軍事、高端消費市場等專業領域，本書使用之 Artix 7 系列 FPGA 晶片目前版本為 MicroBlaze v10.0。依不同領域應用，目前 MicroBlaze 處理器可配置為三種類型：

- 微控制器 Microcontroller 1.1 DMIPs/MHz，適用於單晶片應用設計。
- 即時處理器 Real-Time Processor 1.3 DMIPs/MHz，適用於 RTOS 即時處理應用設計。

- 應用處理器 Application Processor 1.4 DMIPs/MHz，適用於微型 Linux 嵌入式作業系統。

MicroBlaze 嵌入式處理器支援 AXI4 匯流排，內部有 2 個快取記憶體，指令和數據緩存如圖 A.1 所示。

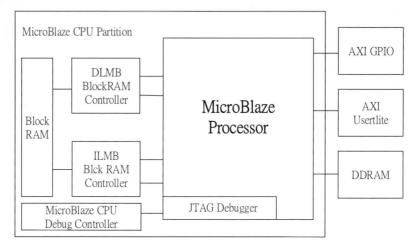

圖 A.1　MicroBlaze 嵌入式處理器架構圖

所有指令的字長皆為 32 位元，並具有 3 個運算元和 2 種定址模式。指令按功能劃分有邏輯運算、算數運算、分支、記憶體讀寫和特殊指令等等，處理器架構可配置為 3 級或是 5 級 Pipeline 流水線架構。也可以與開發者自行設計之硬體 IP 整合在一起，達到可程式設計系統晶片 SOPC 的功能。

附 2-B　Vivaodo 配置 MicroBlaze 嵌入式處理器

請讀者依照下面步驟配置一個 32 位元處理器至 Aritix 7 EGO1 開發板，其他系列 Xilinx FPGA 步驟亦雷同。

1.　創建新專案後點擊專案 Creat Block Design，如圖 B.1 所示。

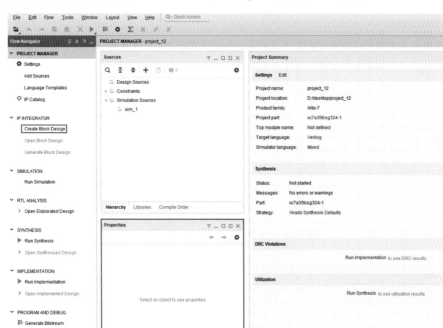

圖 B.1　創建新專案

2.　新專案檔案名稱設為 System，如圖 B.2 所示。

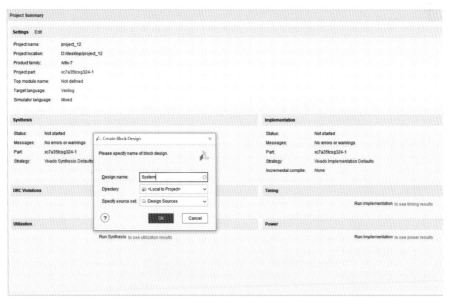

圖 B.2　新專案檔案名稱設為 System

3. 創建 System Block 完成，如圖 B.3 所示。

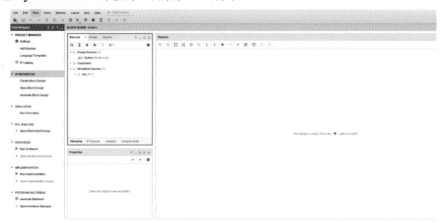

圖 B.3　創建 System Block 完成

4. 點擊上方 Add IP，如圖 B.4 所示。

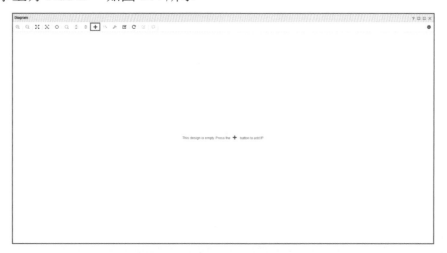

圖 B.4　點擊上方 "+"(Add IP)

5. 搜尋 MicroBlaze 並加入專案，如圖 B.5 所示。

圖 B.5　搜尋 MicroBlaze 並加入專案

6. 同樣的方法搜尋 AXI GPIO，如圖 B.6 所示。

圖 B.6　以同方法搜尋 AXI GPIO

7. AXI GPIO 加入專案後，點選 AXI GPIO 模組並設定內部參數，左方 Block Properties 可更改模組名稱，如圖 B.7 所示。

圖 B.7　設定 AXI GPIO 模組內部參數

8. 同步驟 6，加入 AXI Uartlile 模組，如圖 B.8 所示。

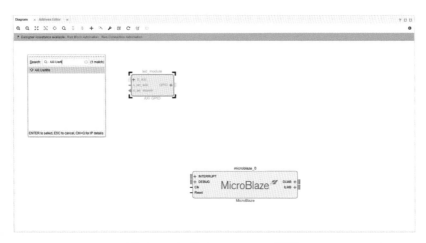

圖 B.8　加入 AXI Uartlile 模組

9. 點選 AXI_uartlite_0 模組並更改包率(Baud Rate)為 115200，更改完後點選 ok，如圖 B.9 所示。

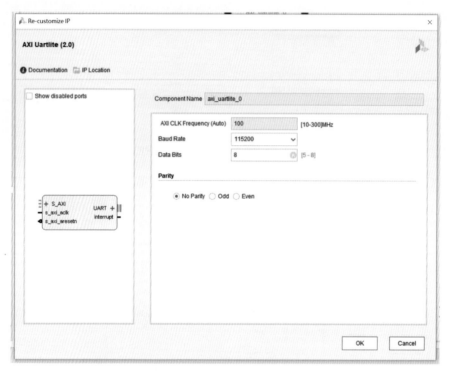

圖 B.9　更改 AXI_uartlite_0 模組包率為 115200

10. 點擊 Run Block Automation，Vivado 系統會自動配置其他必要 IP，如圖 B.10 所示。

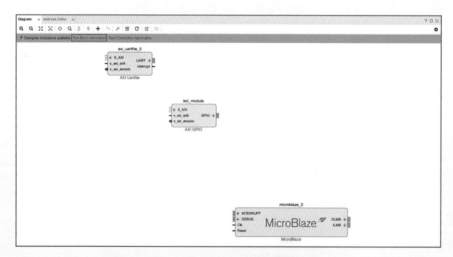

圖 B.10　Vivado 系統會自動配置其他必要 IP

11.　接著 Local Memory 選擇 64KB，如圖 B.11 所示。

(a)

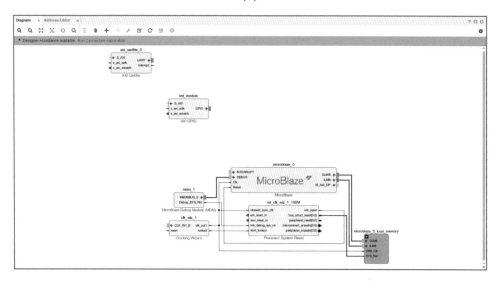

(b)

圖 B.11　Local Memory 選擇 64KB

12. 點選 CLK_Wiz_1 模組，如圖 B.12 所示。

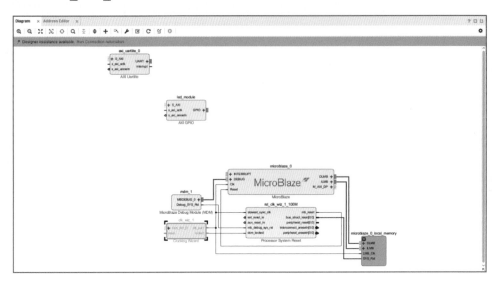

圖 B.12　點選 CLK_Wiz_1 模組

13. 將下方 Source 改成 Single ended clock capable pin，如圖 B.13 所示。

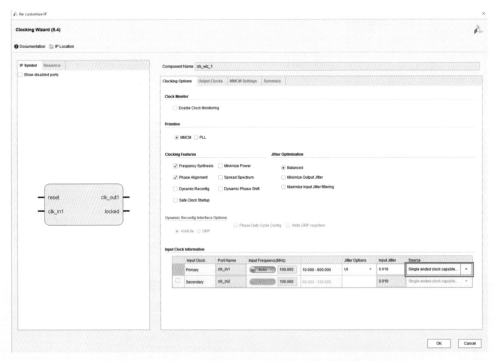

圖 B.13　將 Source 改成 Single ended clock capable pin

14. 將下方 Reset、locked 取消打勾，完成後點擊 ok，如圖 B.14 所示。

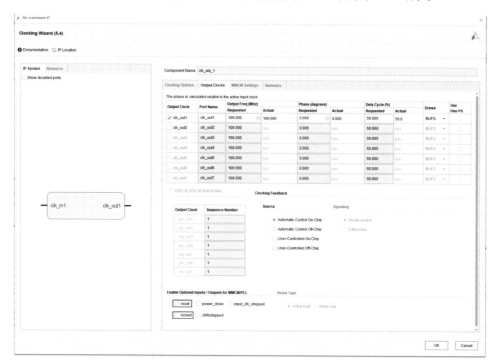

圖 B.14　將 Reset、locked 框取消打勾

15. 選擇 clk_in1 模組，右鍵點選其腳位，選擇 Make External，如圖 B.15 所示。

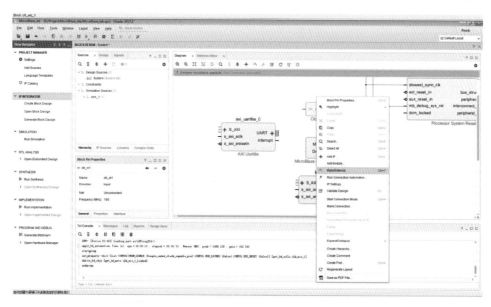

圖 B.15　clk_in1 模組腳位選擇 Make External

16. 用相同的方法，新增 Constant 模組，如圖 B.16 所示。

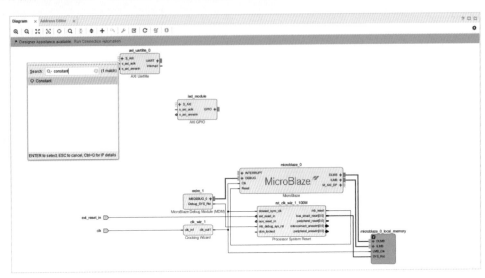

圖 B.16　以同方法新增 Constant 模組

17. 點選 Constant 模組，將 Const width、Const val 設置 1，如圖 B.17 所示。

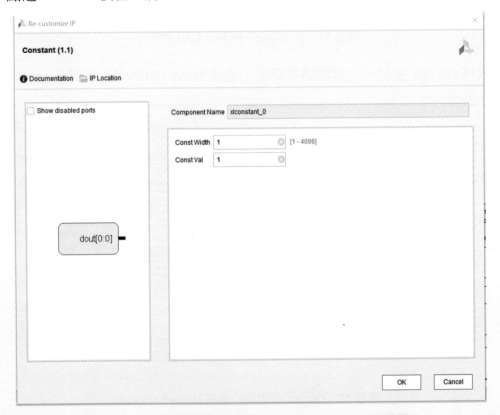

圖 B.17　Constant 模組內的 Const width、Const val 設置 1

18. 將 rst_clk_wiz_1_100M 模組中的 ext_reset_in 腳位延伸到 Constant 模組的 dout 腳位做連接，如圖 B.18 所示。

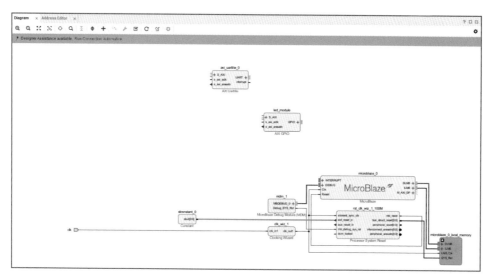

圖 B.18　ext_reset_in 腳位連結到 dout 腳位

19. 點擊上方 Run connection Automation 後出現視窗，點選 All Automation，Vivado 系統會將剩下的連線自動完成，如圖 B.19 所示。

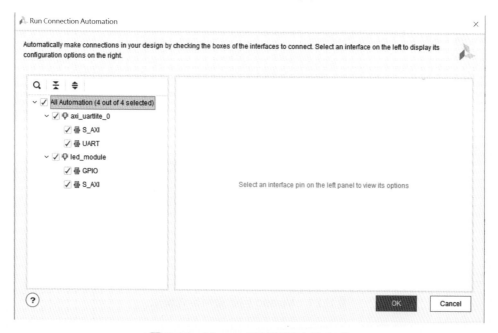

圖 B.19　Vivado 系統連線自動完成

20. Vivado 產生完整 MicroBlaze 系統後，點選 gpio_rtl 並更改其名稱爲 led，如圖 B.20 所示。

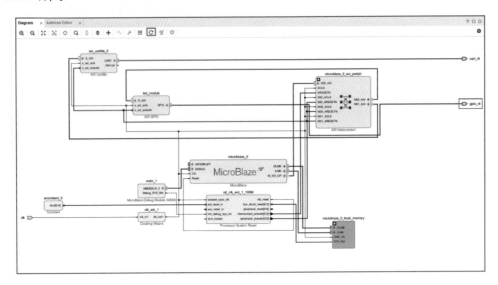

圖 B.20　gpio_rtl 更名為 led

21. 點選上方 Regenerate Layout，Vivado 會自動重新排列模組，使排列較爲整齊，如圖 B.21 所示。

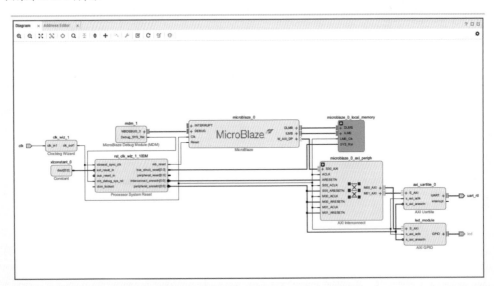

圖 B.21　Vivado 自動重新排列模組

22. 點選左邊視窗中的 Sources 中的 System，選擇 Generate Output Products，如圖 B.22 所示。

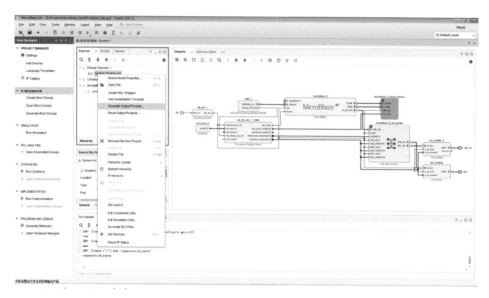

圖 B.22　點選 System 內的 Generate Output Products

23. 點擊後出現圖 B.23 之選項，出現後點擊 Generate。

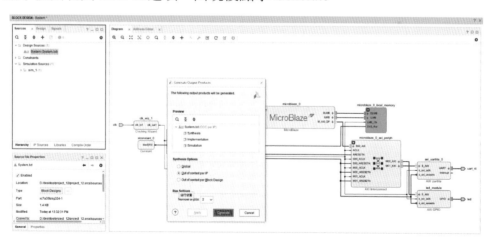

圖 B.23　點選 Generate

24. 同步驟 22，這次選擇 Create HDL Wrapper，如圖 B.24 所示。

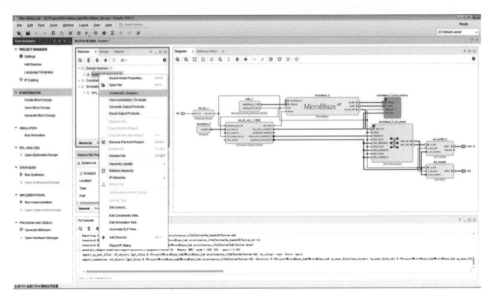

圖 B.24　點選 Create HDL Wrapper

25. 出現圖示後選擇 Let Vivado manage wrapper and auto-update，並點選 ok，如圖 B.25 所示。

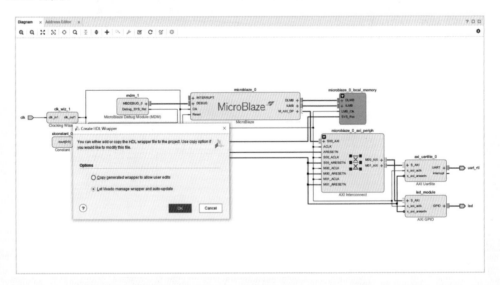

圖 B.25　點選 Let Vivado manage wrapper and auto-update

26. 點選左方 Open Elaborated Design 檢驗是否有錯誤，如圖 B.26 所示。

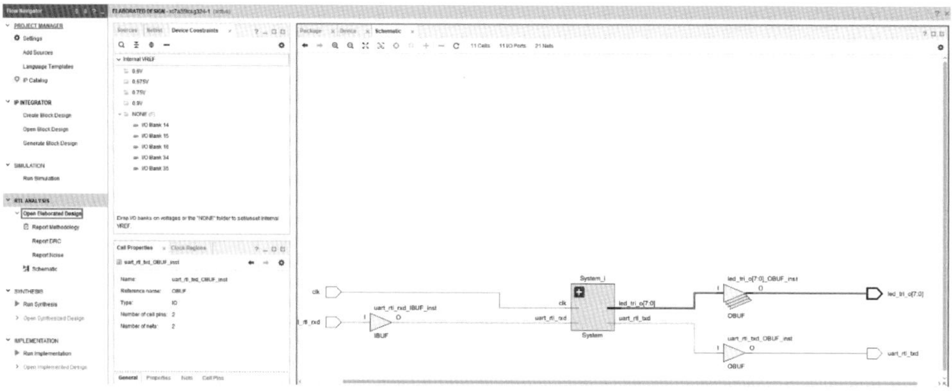

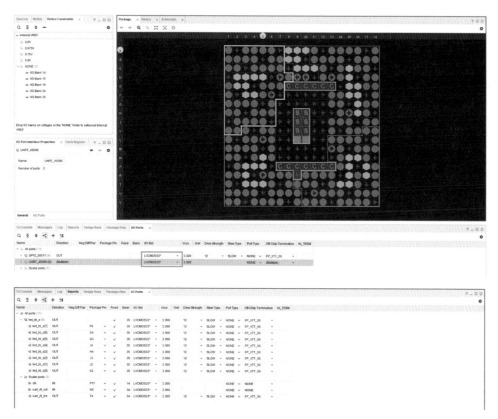

圖 B.26　點擊 Open Elaborated Design 進行檢測

27. 將 I/O Ports 裡面所有電位都設定為 LVCMOS33，並設定腳位如下後儲存，如圖 B.27 所示。

圖 B.27　I/O Ports 所有電位設為 LVCMOS33

28. 儲存完後可直接點擊左下方 Generate Bitstream，如圖 B.28 所示。

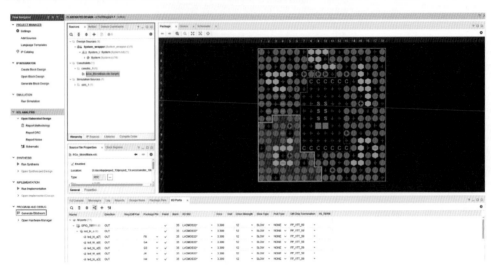

圖 B.28　儲存完點擊 Generate Bitstream

29. 完成後點擊視窗中的 Open Implemented Design，如圖 B.29 所示。

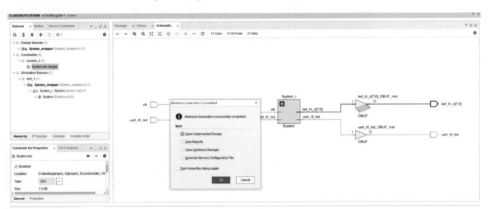

圖 B.29　點選 Open Implemented Design

30. 點選左上角 File，選擇 Export，並選擇 Export Hardware，如圖 B.30 所示。

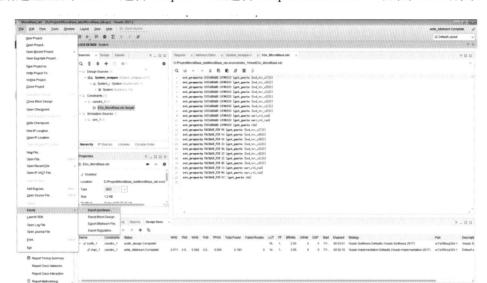

圖 B.30　選擇 Export 內的 Export Hardware

31. 點選完後出現圖示後，勾選 Include bitstream，如圖 B.31 所示。

圖 B.31　勾選跳出視窗中的 Include bitstream

附 2-C Vivado SDK 程式範例

1. 再次點選左上角 File，這次選取 Launch SDK，Vivado 會自動開啟 Xilinx SDK 工具，如圖 C.1 所示。

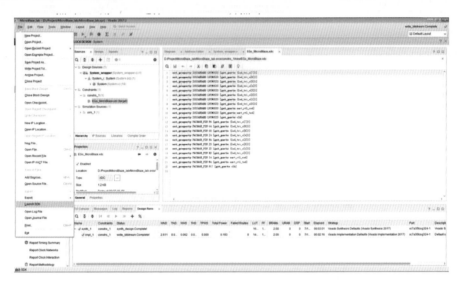

圖 C.1　Vivado 自動開啟 Xilinx SDK 工具

2. 點選後進入 SDK 工具中，如圖 C.2 所示。

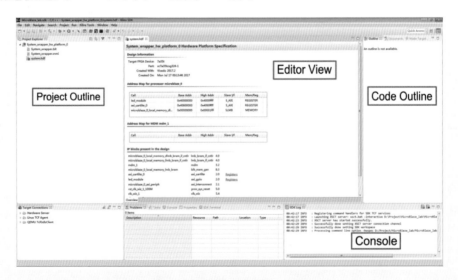

圖 C.2　點選進入 SDK 工具

3. 點擊左上角 File->New->Application Project，如圖 C.3 所示。

圖 C.3　File->New->Application Project

4. 如圖 C.4 所示，依序填寫名稱，填寫完後選擇 Next 下一步。

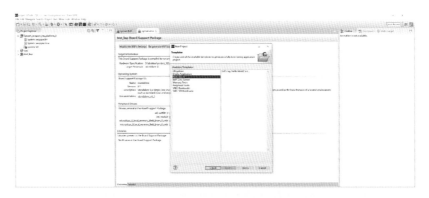

圖 C.4　在跳出視窗內依序填寫名稱

5. 首先選 Hello Word 做為範例示範，選擇後點選 Finish，如圖 C.5 所示。

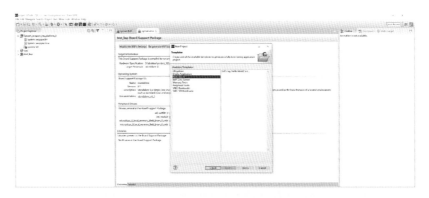

圖 C.5　選擇 Hello Word 做為範例示範

6. 完成後點選 test->src->helloworld.c，並更改裡面的程式如圖 C.6 所示。

```
1   #include "xparameters.h"
2   #include "xgpio.h"
3   #include "xuartlite.h"
4   #define TEST_BUFFER_SIZE 16
5   u8 SendBuffer[TEST_BUFFER_SIZE]; /* Buffer for Transmitting Data */
6   u8 RecvBuffer[TEST_BUFFER_SIZE]; /* Buffer for Receiving Data */
7   int main(void)
8   {
9       XGpio led;
10      XUartLite UartLite;
11      u8 led_check;
12      XGpio_Initialize(&led, XPAR_LED_MODU LE_DEVICE_ID); // Modify this
13      XGpio_SetDataDirection(&led, 1, 0x0000000);
14      XUartLite_Initialize(&UartLite, XPAR_UARTLITE_0_DEVICE_ID);
15
16      while(1)
17      {
18          XUartLite_Recv (&UartLite, RecvBuffer, TEST_BUFFER_SIZE);
19          led_check=RecvBuffer[0];
20          xil_printf("show led");
21          XGpio_DiscreteWrite (&led, 1, led_check);
22          // LED_IP_mWriteReg(XPAR_LED_MODU LE_DEVICE_ ID, 0, led_check);
23      }
24  }
25
26
```

圖 C.6　點選 test->src->helloworld.c 並更改內部程式

7. 程式碼輸入完以後點選上方 Xilinx Tools 後選擇 Program FPGA，後點擊 Program，如圖 C.7 所示。

圖 C.7　在 Xilinx Tools 內選擇 Program FPGA 並點擊 Program

8. 完成後右鍵點選 test，選擇 Run as->Launch on Hardware(GDB)，即可完成所有編譯。

9. 使用 Putty 或 Terminal 終端機，輸入 16 進位數值，觀看 EGO1 收值的燈號改變，如圖 C.8 為傳值為 1 及 5 的 ASSIC 編碼範例。

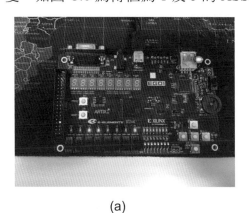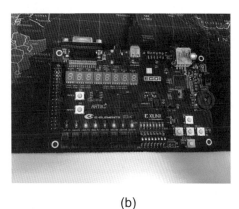

(a)　　　　　　　　　　　　　　　　(b)

圖 C.8　傳值為 1 及 5 之 ASSIC 編碼範例

附 2-D　MicroBlaze 嵌入式處理器置配 4 位元乘法器 IP

　　繼續沿用在前一章節中所製作好的 Microblaze System 專案，在這裡示範如何使用 HLS 客製使用者的自訂義 IP 加入到其中 System 專案之中，讀者可運用此範例自行加入 Verilog IP 或是直接由 C 語言透過 HLS 工具把 C 語言轉譯為 FPGA 硬體 IP。

1.　首先創建新專案後選擇上一章節的 System.bd 專案加入系統設計，需注意勾選 copy source into project，確定該 BD 專案檔案被複製到本次設計內，如圖 D.1 所示。

圖 D.1　創建新專案選擇 System.bd 專案

2. 完成步驟 1 後，Vivado 專案設計有兩種方法加入 FPGA 硬體 IP，第一種是運用 HLS Tool 把 C Function 轉換爲 IP，第二種方式是讀者自行將 Verilog HDL 模組 Re-package 成 AXI4 IP。首先第一種 HLS 轉換方式順序從步驟 3 至步驟 7，第二種 Verilog IP Re-package 方法請直接跳到步驟 8。

3. 首先開啓 HLS，選擇 Create New Project 創建新的 HLS 專案，專案命名爲 Mul_IP，並設定專案路徑，請選擇 xc7a35tcsg324-1 晶片組，如圖 D.2 所示。

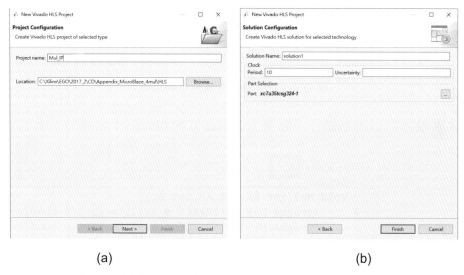

(a)   (b)

圖 D.2　創建新 HLS 專案並選擇 xc7a35tcsg324-1 晶片組

4. 對 "Source" 右鍵加入檔案，在專案裡面新增資料夾 "src"，然後在裡面新增 "Top.cpp"，如圖 D.3 所示。

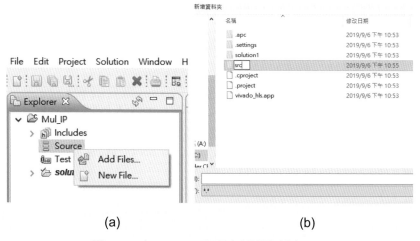

(a)   (b)

圖 D.3　在 Source 專案内新增資料夾 "src"

5. 在 Top.cpp 內添加下面的 C 程式碼，如圖 D.4 所示。

```
1  void Mul(int &A,int &B,int &C){
2      #pragma HLS INTERFACE s_axilite port=A bundle=ctrl
3      #pragma HLS INTERFACE s_axilite port=B bundle=ctrl
4      #pragma HLS INTERFACE s_axilite port=C bundle=ctrl
5      #pragma HLS INTERFACE s_axilite port=return bundle=ctrl
6
7      C = A * B;
8  }
```

圖 D.4　Top.cpp 內添加 C 程式碼

6. 程式碼輸入完以後點儲存，點選上方 Run C Synthesis，如圖 D.5 所示。

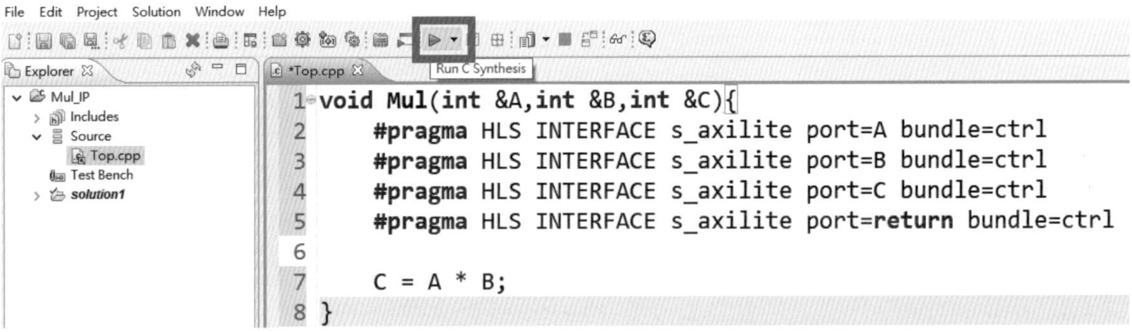

圖 D.5　程式碼儲存完點選 Run C Synthesis

7. 完成後點選"Export RTL"以生產出所需要的 IP，如圖 D.6 所示，然後直接跳照到步驟 18。

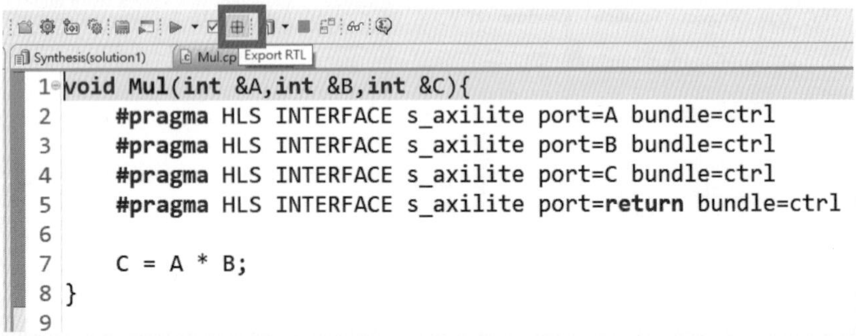

圖 D.6　點選 "Export RTL"

8. 接著第二種方法由步驟 8 到步驟 17，在 Vivado 專案中點選"Tools"底下的"Create and Package New IP …"，如圖 D.7 所示。

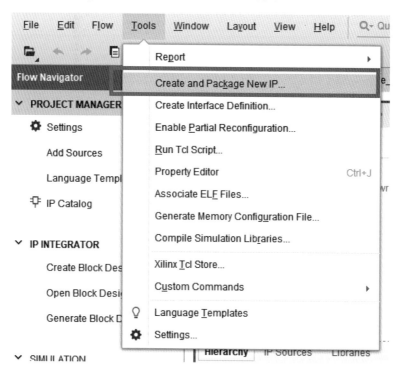

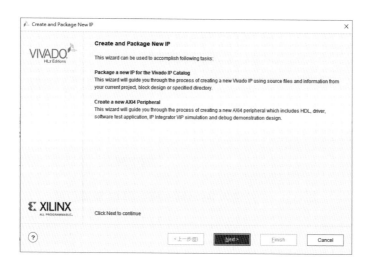

圖 D.7　在"Tools"底下點選"Create and Package New IP"

9. 點選創建有 AXI4 連接，如圖 D.8 所示。

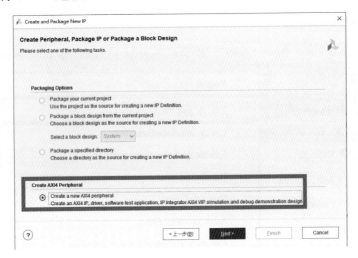

圖 D.8　點選創建有 AXI4 連接

10. 接著填入 IP 的名稱、描述與 IP 專案的位置，如圖 D.9 所示。

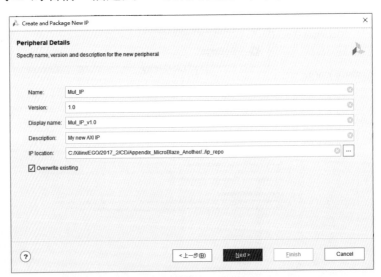

圖 D.9　依序填入 IP 名稱、描述與 IP 專案位置

11. 接著填入 IP 的 AXI4 匯流排連接 port 設定，如圖 D.10 所示。

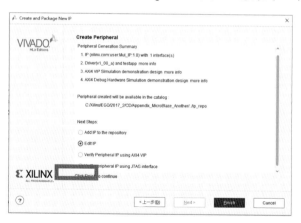

圖 D.10　填入 IP 的 AXI4 匯流排連接 port 設定

12. 設定完成後選擇"Edit IP"，加入 Multiplier.v 到 IP 專案中，如圖 D.11 所示。

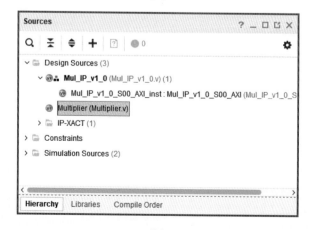

(a)

(b)

圖 D.11　點選 "Edit IP" 並加入 Multiplier.v 到 IP 專案中

13. Multiplier.v 如圖 D.12 所示。

```verilog
1  module Multiplier(
2      input clk,
3      input [3:0] A,
4      input [3:0] B,
5      output [7:0] C
6  );
7
8      reg [7:0] Result;
9
10     always@(posedge clk) begin
11         Result = A * B;
12     end
13
14     assign C = Result;
15
16 endmodule
```

圖 D.12　Multiplier.v 程式碼

14. 然後修改 Mul_IP_v1_0_S00_AXI_inst.v 檔，如圖 D.13 所示。

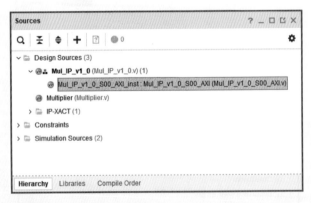

圖 D.13　修改 Mul_IP_v1_0_S00_AXI_inst.v 檔

15. 引用步驟 11 被加入專案內的 Multipiler 模組至 Mul_IP_v1_0_S00_AXI_inst.v 內，並把 Multipiler 模組輸入 A 與輸入 B 端口設定為 slv_reg0[3:0]與 slv_reg0[7:4]，輸出 C 端口設定為 Mul_output，最後新增一行 wire [7:0] Mul_output，如圖 D.14 所示。

```
402        // Add user logic here
403
404        Multiplier u_Multiplier(
405            .clk(clk),
406            .A(slv_reg0[3:0]),
407            .B(slv_reg0[7:4]),
408            .C(Mul_output)
409        );
410
411        // User logic ends
412
413        endmodule
```

```
84        // AXI4LITE signals
85        reg [C_S_AXI_ADDR_WIDTH-1 : 0]  axi_awaddr;
86        reg     axi_awready;
87        reg     axi_wready;
88        reg [1 : 0]     axi_bresp;
89        reg     axi_bvalid;
90        reg [C_S_AXI_ADDR_WIDTH-1 : 0]  axi_araddr;
91        reg     axi_arready;
92        reg [C_S_AXI_DATA_WIDTH-1 : 0]  axi_rdata;
93        reg [1 : 0]     axi_rresp;
94        reg     axi_rvalid;
95
96        wire [7:0] Mul_output;
97
```

(a)   (b)

圖 D.14　輸入端口設定

16. 將 Mul_output 輸出給暫存器 reg_data_out，AXI_ARADDR offset 為 2'h1 時，修改完成保存，如圖 D.15 所示。

```
367        // Implement memory mapped register select and read logic generation
368        // Slave register read enable is asserted when valid address is available
369        // and the slave is ready to accept the read address.
370        assign slv_reg_rden = axi_arready & S_AXI_ARVALID & ~axi_rvalid;
371        always @(*)
372        begin
373            // Address decoding for reading registers
374            case ( axi_araddr[ADDR_LSB+OPT_MEM_ADDR_BITS:ADDR_LSB] )
375            2'h0   : reg_data_out <= slv_reg0;
376            2'h1   : reg_data_out <= Mul_output;
377            2'h2   : reg_data_out <= slv_reg2;
378            2'h3   : reg_data_out <= slv_reg3;
379            default : reg_data_out <= 0;
380            endcase
381        end
```

圖 D.15　將 Mul_output 輸出給暫存器 reg_data_out

17. 回到 Package IP 視窗中對"File Groups"點選 "Merge chances from File Groups Wizard" 與 "Review and Package" 的"Re-Package IP"，如圖 D.16 所示。

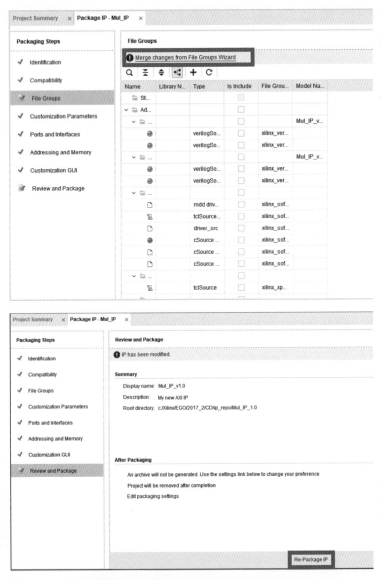

圖 D.16　點選 "Re-Package IP"

18. 完成之後回到步驟 1 的 System.bd 專案裡面把剛才使用 HLS 生成出來的乘法器 IP 加入至專案裡面。首先點選"Tools"底下的"Settings"，如圖 D.17 所示。

圖 D.17　點選 "Tools" 底下的 "Settings"

19. 在"Project Settings"底下"IP"裡面點選"Repository"。加入剛才的 HLS 專案路徑。加入後可以查看 IP 是否已被加入此 Vivado 專案中。確認無誤後按"Apply"，如圖 D.18 所示。

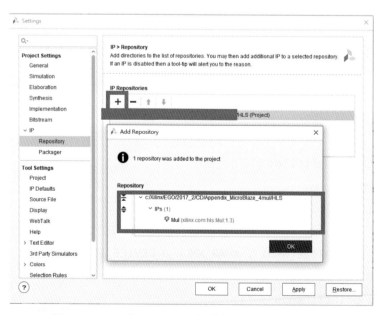

圖 D.18　在 "Repository" 內加入 HLS 專案路徑

20. 開啓專案設計，把 GPIO 部分刪除(亦可保留)，並加入 Mul_IP。加入完成後點選"Run Connection Automation"自動連線，如圖 D.19 所示。

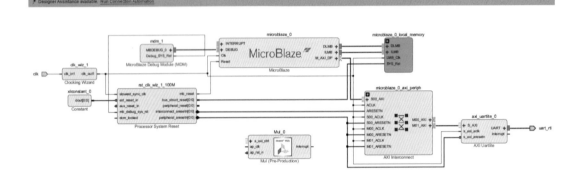

圖 D.19　點選"Run Connection Automation"自動連線

21. 接著步驟如附錄 2-C 步驟雷同，請在 SDK helloworld.c (第一種方法 SDK C 範例)中替換成以下程式碼，如圖 D.20 所示。

```
1   #include "xuartlite.h"
2   #define TEST_BUFFER_SIZE 8
3   u8 SendBuffer[TEST_BUFFER_SIZE]; RecvBuffer[TEST_BUFFER_SIZE];
4   u32 A,B,C,units;
5   u32 tens;
6   u8 digits[] = {'0','1','2','3','4','5','6','7','8','9'};
7
8   u32 asciitoint(u8 Data);
9   int main(void)
10  {
11      XUartLite UartLite;
12      XMul Mul;
13      XUartLite_Initialize(&UartLite,
14                      XPAR_UARTLITE_0_DEVICE_ID);
        XMul_Initialize(&Mul , XPAR_XMUL_0_DEVICE_ID);
15      A = 0, B = 0 , C = 0;
16      //xil_printf("show : ");
17
18      while(1){
```

圖 D.20　SDK helloworld.c 之替換程式碼

```
19          XUartLite_Recv (&UartLite, RecvBuffer,
20                                  TEST_BUFFER_SIZE);
            A = asciitoint(RecvBuffer[0]);;
21          B = A+1;
22          XMul_Set_A(&Mul,A);
23          XMul_Start(&Mul);
24          XMul_Set_B(&Mul,B);
25          XMul_Start(&Mul);
26          C = XMul_Get_C(&Mul);
27          SendBuffer[0] = ':';
28          SendBuffer[1] = digits[A];
29          SendBuffer[2] = 'X';
30          SendBuffer[3] = digits[B];
31          SendBuffer[4] = '=';
32          SendBuffer[5] = digits[C];
33          SendBuffer[6] = ':';
34          XUartLite_Send (&UartLite, SendBuffer,
35                                  TEST_BUFFER_SIZE);
            for(int i = 0; i<2500;i++){
36              for(int j = 0;j <2500;j++);
37          }
38      }
39  }
40
41  u32 asciitoint(u8 Data){
42      for(u32 i = 0; i < 10 ; i++){
43          if(Data == digits[i]){
44              return i;
45              break;
46          }
47      }
48  }
49
50
```

圖 D.20 SDK helloworld.c 之替換程式碼(續)

22. 參照附錄 2-C 後續步驟，最後使用 Putty 或 Terminal 終端機，輸入 16 進位數值參數 A，由 Microblaze 透過 UART 介面收到該參數 A 後，先將 ASSIC 碼轉換為對應整數，然後把 A 與 B=A+1 分別寫入至在 FPGA 端的 Mul_IP，然後在 FPGA 上執行 A * (A+1)的動作，再透過 Mircoblzae 存取兩數相乘的結果後，最後輸出至 UART 上，如圖 D.21 為傳值為 1 與 2 的結果。

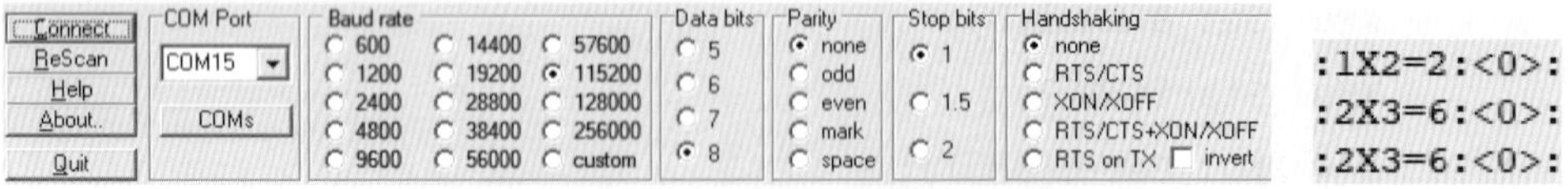

圖 D.21　傳值為 1 與 2 之結果

參考著作

1. 宋啓嘉著，FPGA/CPLD 可程式化邏輯設計實習-使用 VHDL 與 Teraslc DE2，第二版，全華圖書。

2. 莊慧仁著，FPGA/CPLD 數位電路設計入門與實務應用-使用 QuartusII，第二版，全華圖書。

3. Xilinx, Introduction to FPGA Design with Vivado High-Level Synthesis UG998 - Version v1.1, 2019.

   https://www.xilinx.com/support/documentation/sw_manuals/ug998-vivado-intro-fpga-design-hls.pdf

4. Xilinx, 7 Series FPGAs Configurable Logic Block UG474 - Version v1.8, 2016.

   https://www.xilinx.com/support/documentation/user_guides/ug474_7Series_CLB.pdf

5. Xilinx, 7 Series FPGAs and Zynq-7000 SoC XADC Dual 12-Bit 1 MSPS Analog-to-Digital Converter UG480 - Version v1.10.1, 2018.

   https://www.xilinx.com/support/documentation/user_guides/ug480_7Series_XADC.pdf

6. Xilinx, DDS Compiler v6.0 LogiCORE IP Product Guide PG141, 2017.

   https://www.xilinx.com/support/documentation/ip_documentation/dds_compiler/v6_0/pg141-dds-compiler.pdf

7. Xilinx, MicroBlaze Processor Reference Guide UG984 - Version v2018.2, 2018.

   https://www.xilinx.com/support/documentation/sw_manuals/xilinx2018_2/ug984-vivado-microblaze-ref.pdf

8. 陳慶逸著，VHDL 數位電路設計實務教本-使用 Quartus II，文魁圖書。

9. 黃英睿等譯，Verilog 硬體描述語言實務，第二版，全華圖書。

10. 林灶生著，Verilog 晶片設計，第三版，全華圖書。

11. Volnei A. Pedroni , Circuit Design and Simulation with VHDL, MIT Press,2010.

12. National Semiconductor, ADC0804 8-Bit uP Compatible ADC DataSheet,1999.

13. National Semiconductor, DAC0830/DAC0832 8-Bit μP Compatible, Double-Buffered D to A Converters, 2002.

14. SGS Thomson, uA741 General Purpose Signal OP-AMPs Datasheet, 1999.

15. NXP, 74HC238/74HCT238 3-to-8 Line Decoder & Demultiplexer Datasheet, 2007.

16. FAIRCHILD Semiconductor,DM74LS138 Decoder & Demultiplexer Datasheet, 2000.

17. Central Semiconductor, MPQ3096 PNP Silicon Quad Transistor Datasheet,2012.

18. 維基百科，視訊圖形陣列，2013。

國家圖書館出版品預行編目資料

FPGA 可程式化邏輯設計實習：使用 Verilog HDL 與
Xilinx Vivado / 宋啓嘉編著. -- 三版. -- 新
北市：全華圖書股份有限公司, 2022.09
　　面　；　公分
ISBN 978-626-328-325-1(平裝)
1. CST: 積體電路　2. CST: 晶片　3. CST:
Verilog(電腦硬體描述語言) 4. CST: 設計
448.62　　　　　　　　　　　　　111014957

FPGA 可程式化邏輯設計實習：使用 Verilog HDL 與 Xilinx Vivado

作者 / 宋啓嘉

發行人 / 陳本源

執行編輯 / 張峻銘

出版者 / 全華圖書股份有限公司

郵政帳號 / 0100836-1 號

圖書編號 / 06425027

三版二刷 / 2024 年 9 月

定價 / 新台幣 400 元

ISBN / 978-626-328-325-1

全華圖書 / www.chwa.com.tw

全華網路書店 Open Tech / www.opentech.com.tw

若您對本書有任何問題，歡迎來信指導 book@chwa.com.tw

臺北總公司(北區營業處)
地址：23671 新北市土城區忠義路 21 號
電話：(02) 2262-5666
傳真：(02) 6637-3695、6637-3696

南區營業處
地址：80769 高雄市三民區應安街 12 號
電話：(07) 381-1377
傳真：(07) 862-5562

中區營業處
地址：40256 臺中市南區樹義一巷 26 號
電話：(04) 2261-8485
傳真：(04) 3600-9806(高中職)
　　　(04) 3601-8600(大專)

歡迎加入

全華會員

● 會員獨享

會員享購書折扣、紅利積點、生日禮金、不定期優惠活動…等。

● 如何加入會員

掃 QRcode 或填妥讀者回函卡直接傳真 (02) 2262-0900 或寄回，將由專人協助登入會員資料，待收到 E-MAIL 通知後即可成為會員。

如何購買

全華書籍

1. 網路購書

全華網路書店「http://www.opentech.com.tw」，加入會員購書更便利，並享有紅利積點回饋等各式優惠。

2. 實體門市

歡迎至全華門市（新北市土城區忠義路 21 號）或各大書局選購。

3. 來電訂購

(1) 訂購專線：(02) 2262-5666 轉 321-324
(2) 傳真專線：(02) 6637-3696
(3) 郵局劃撥（帳號：0100836-1　戶名：全華圖書股份有限公司）

※ 購書未滿 990 元者，酌收運費 80 元。

全華網路書店 www.opentech.com.tw
E-mail: service@chwa.com.tw

※ 本會員制如有變更則以最新修訂制度為準，造成不便請見諒。

讀者回函卡

掃 QRcode 線上填寫 ▶▶▶

姓名：　　　　　　　　生日：西元　　　年　　月　　日　性別：□男 □女

電話：（　　　）　　　　　　手機：

e-mail：（必填）

註：數字零，請用 Φ 表示，數字 1 與英文 L 請另註明並書寫端正，謝謝。

通訊處：□□□□□

學歷：□高中・職　□專科　□大學　□碩士　□博士

職業：□工程師　□教師　□學生　□軍・公　□其他

學校／公司：　　　　　　　　　　科系／部門：

・需求書類：

□ A. 電子 □ B. 電機 □ C. 資訊 □ D. 機械 □ E. 汽車 □ F. 工管 □ G. 土木 □ H. 化工 □ I. 設計

□ J. 商管 □ K. 日文 □ L. 美容 □ M. 休閒 □ N. 餐飲 □ O. 其他

・本次購買圖書為：　　　　　　　　　　　　　　　書號：

・您對本書的評價：

封面設計：□非常滿意 □滿意 □尚可 □需改善，請說明

內容表達：□非常滿意 □滿意 □尚可 □需改善，請說明

版面編排：□非常滿意 □滿意 □尚可 □需改善，請說明

印刷品質：□非常滿意 □滿意 □尚可 □需改善，請說明

書籍定價：□非常滿意 □滿意 □尚可 □需改善，請說明

整體評價：請說明

・您在何處購買本書？

□書局　□網路書店　□書展　□團購　□其他

・您購買本書的原因？（可複選）

□個人需要　□公司採購　□親友推薦　□老師指定用書　□其他

・您希望全華以何種方式提供出版訊息及特惠活動？

□電子報　□DM　□廣告（媒體名稱　　　　　　　　　　　）

・您是否上過全華網路書店？（www.opentech.com.tw）

□是　□否　您的建議

・您希望全華出版哪方面書籍？

・您希望全華加強哪些服務？

感謝您提供寶貴意見，全華將秉持服務的熱忱，出版更多好書，以饗讀者。

填寫日期：　　　／　　　／

2020.09 修訂

勘 誤 表

書號		書名		作者
頁 數	行 數	錯誤或不當之詞句		建議修改之詞句

我有話要說：（其它之批評與建議，如封面、編排、內容、印刷品質等・・・）